Kalpna Varshney

Tecnologia de feromonas de insectos

Kalpna Varshney

Tecnologia de feromonas de insectos

ScienciaScripts

Publisher:
Sciencia Scripts
is a trademark of
Dodo Books Indian Ocean Ltd. and OmniScriptum S.R.L publishing group

120 High Road, East Finchley, London, N2 9ED, United Kingdom
Str. Armeneasca 28/1, office 1, Chisinau MD-2012, Republic of Moldova, Europe
Printed at: see last page
ISBN: 978-620-7-62142-2

Introdução e aplicação da tecnologia das feromonas no controlo de Helicoverpa armigera
Kalpna Varshney
Faculdade de Engenharia e Tecnologia, Universidade Internacional Manav Rachna, Faridabad, Haryana

Resumo

O Bombycol, a feromona sexual do bicho-da-seda Bombyx mori, foi sintetizado pela primeira vez em 1959. Nos últimos 58 anos, foram analisadas e sintetizadas as feromonas de centenas de espécies de insectos. A comunicação química é um aspeto importante do comportamento dos insectos, especialmente em grupos ou insectos sociais. As substâncias químicas utilizadas para a comunicação são geralmente designadas por semioquímicos. Os semioquímicos dividem-se em várias categorias. As feromonas são um dos semioquímicos utilizados para a comunicação entre indivíduos de uma mesma espécie. Recentemente, foram feitos progressos consideráveis no estudo das feromonas sexuais dos lepidópteros. Nesta revisão, discutiremos especificamente como a tecnologia das feromonas pode ser útil para o controlo ecológico da Helicoverpa armigera, uma praga polífaga de várias culturas.

Palavras-chave: feromonas, Helicoverpa, semioquímicos, perturbação do acasalamento, armadilhas em massa, monitorização, IPM

1.0 Introdução da Helicoverpa armigera

Helicoverpa armigera (Hubner)

Classificação taxonómica: Insecta, Holometabola, Lepidoptera, Noctuidae.

Nome comum: Bicho-da-farinha-africano, bicho-do-algodoeiro, bicho-da-espiga-do-milho, bicho-da-farinha-do-mundo. **Distribuição geográfica**: Entre o norte e o sul de 45° de latitude,

Morfologia: Os adultos medem 12-20 mm de comprimento, as asas anteriores são amarelas a castanhas nas fêmeas e cinzento-esverdeadas nos machos, com uma mancha castanha perto do bordo anterior. As asas posteriores são amarelo-pálido com uma faixa castanha na extremidade posterior e uma mancha escura redonda no centro. A larva tem 35-40 mm de comprimento, de cor verde-clara a castanha-escura, consoante a planta hospedeira, e apresenta uma faixa dorsal escura. A cabeça, o pronoto, as patas torácicas e os cinco pares de patas abdominais são de cor castanha escura ou preta.

Figura 1: Machos e fêmeas de Helicoverpa armigera

O trabalho de químicos, biólogos e especialistas em proteção das plantas proporcionou-nos um conhecimento sólido da química e da biologia das feromonas sexuais de muitos insectos economicamente importantes.

Plantas hospedeiras: Altamente polífaga, alimenta-se de cerca de 200 espécies de plantas, principalmente anuais, e desenvolve-se numa vasta gama de culturas alimentares, fibrosas, oleaginosas e forrageiras, bem como em muitas plantas silvestres e culturas hortícolas perenes. *A Helicoverpa armigera* (Hubner) infesta muitas culturas economicamente importantes na Índia, incluindo o algodão, o feijão-frade, o grão-de-bico, o girassol, o milho, a malagueta, o tomate e o quiabo (Manjunath et al, 1989, Sharma 2001). o ciclo de vida da *Helicoverpa* consiste em traça, ovo, larva e pupa. É a forma larvar que causa danos às plantas.

Ciclo de vida: Tal como outros Noctuidae, os adultos eclodem após o pôr do sol e são noturnos. As fêmeas acasalam várias vezes e põem 300-3000 ovos durante a sua vida, que dura até 3 semanas no verão. Os ovos são postos individualmente em caules, folhas e frutos. As larvas que eclodem dos ovos crescem até 40 mm de comprimento e deixam as plantas para entrar no solo, onde se transformam em pupas. No verão, a praga desenvolve-se em 25-40 dias e na estação fria em 6-7 meses. No Médio Oriente, a praga passa por 4-5 gerações anuais, algumas das quais se sobrepõem. A maior parte das populações de vermes do pólen no Médio Oriente entram em diapausa pupal no inverno e eclodem no início da primavera. Esta praga pode migrar para longas distâncias, transportada pelo vento.

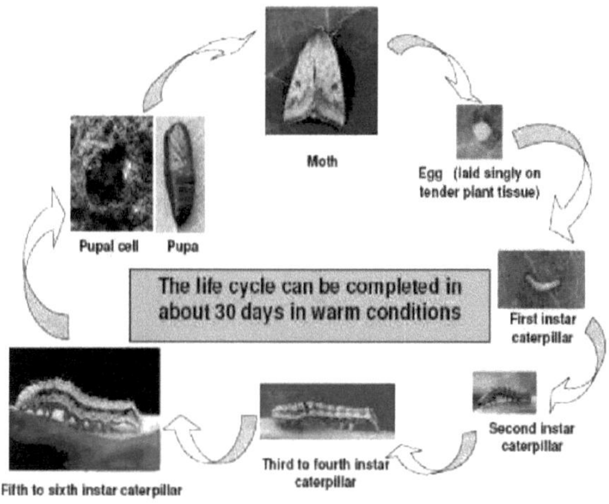

Figura 2: Ciclo de vida da Helicoverpa

A Helicoverpa (Heliothis) armigera (Hubner) (Lepidoptera: Noctuidae) está geograficamente disseminada e ocorre na Europa, Ásia, África e Oceânia (Zalucki et al. 1986, Guo 1997). [th]O termo hormona foi cunhado no início do século XIX para descrever as secreções internas que são transportadas no sangue. Em 1932, Bethe introduziu o termo ecto-hormona para substâncias como as feromonas sexuais, que não têm origem em diferentes partes do mesmo indivíduo, mas sim no exterior. (Em 1959, Karlson/Butenandt) propôs um novo termo para feromonas e definiu-as como substâncias que são libertadas externamente por um indivíduo e absorvidas por um segundo indivíduo da mesma espécie.

1.1 Introdução e classificação dos semioquímicos

As feromonas dos insectos foram classificadas em várias categorias, incluindo atractivos sexuais, produtos químicos de mascaramento e modificação e feromonas de ação oral, tais como as substâncias da rainha das abelhas melíferas e das térmitas, etc.

Karlson e Butenandt propuseram o nome "feromona" para os compostos químicos que permitem aos membros da mesma espécie comunicar entre si. O termo feromona deriva do grego "pherein" (transportar) e "horman" (excitar, estimular). As feromonas e as hormonas são muito diferentes umas das outras. Enquanto as hormonas são produzidas em glândulas endócrinas e libertadas no interior do corpo para atuar num tecido-alvo do organismo, as feromonas são produzidas e libertadas por glândulas com canais externos. A principal função das feromonas é influenciar outros membros da mesma espécie, e não o indivíduo que as produz.

As feromonas são substâncias químicas específicas de cada espécie, biodegradáveis, respeitadoras do ambiente e quimicamente seguras, sendo necessárias em doses muito baixas. São utilizadas como um meio eficaz de controlo de pragas (Varshney e Kanaujia 2005). As feromonas sexuais dos insectos são de particular interesse para os praticantes da gestão integrada de pragas (IPM) na agricultura. Os semioquímicos (gk. semeon, um sinal) são substâncias químicas que medeiam as interacções entre organismos ou são referidos como substâncias químicas que alteram o comportamento.

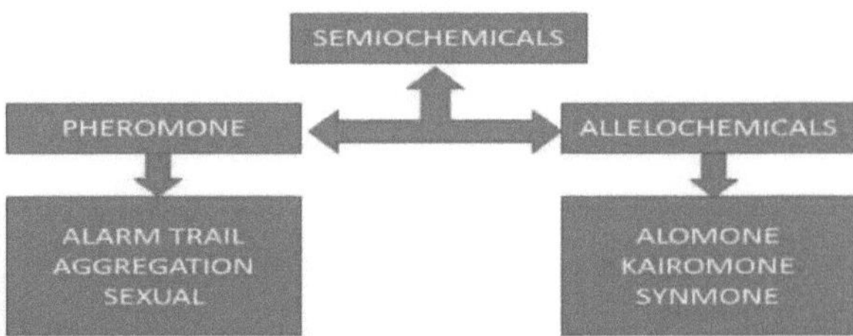

As feromonas sexuais dos insectos são particularmente importantes na agricultura, uma vez que podem ser identificadas quimicamente e depois sintetizadas. As feromonas sexuais sintéticas de insectos são muito úteis na tecnologia das feromonas, uma vez que podem ser utilizadas para controlar muitas pragas nocivas e polífagas (Schneider, D. 1992).

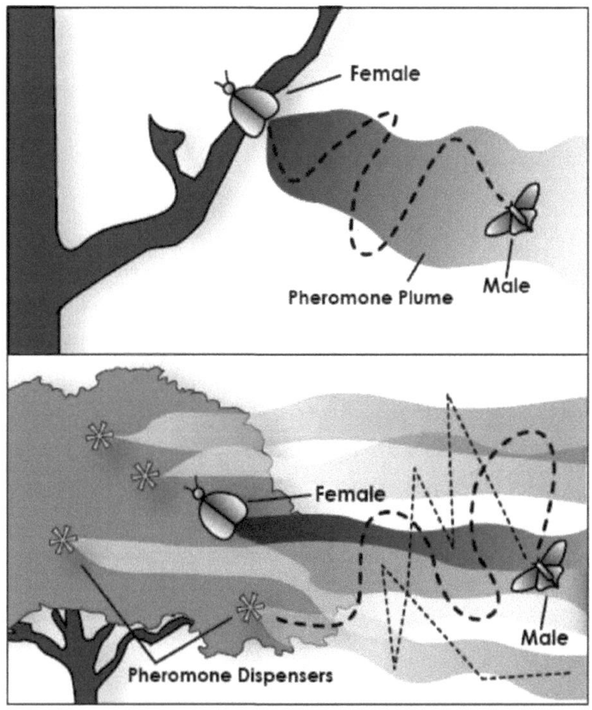

Figura 3: Representação esquemática da tecnologia das feromonas

1.2 Características das feromonas sexuais

Os casos mais conhecidos de comunicação química a longa distância são as substâncias sexuais utilizadas para sinalizar um parceiro de acasalamento. Por exemplo, as traças fêmeas libertam substâncias semioquímicas no ar para sinalizar a sua disponibilidade e, assim, atrair machos a longas distâncias. Num caso notável, as fêmeas de traça-imperador foram capazes de atrair machos até 11 quilómetros de distância (Carde, 1997). Os machos normalmente detectam os sinais sexuais das fêmeas através das suas antenas (Fan et al. 2003). A remoção das antenas ou o seu revestimento com outras substâncias elimina qualquer resposta sexual dos machos. Em 1939, Adolph Butenandt e os seus colegas começaram a isolar e a identificar a substância responsável pela atração na traça da seda comercial Bombyx mori. Após 20 anos de trabalho intensivo, foram extraídos 12 mg de um derivado da substância de meio milhão de fêmeas virgens e, em 1959, foi identificada a feromona ativa. As feromonas sexuais segregadas pelos insectos são constituídas por uma mistura de duas ou mais substâncias químicas específicas e biologicamente activas para a mesma espécie. As feromonas são biossintetizadas a partir de produtos naturais como os ácidos gordos, os terpenos e os esteróides, que são os seus precursores. São biodegradáveis e, por conseguinte, ecologicamente inofensivas (Jia, 2000). A maioria dos

Uma propriedade importante das feromonas é o facto de desencadearem uma reação biológica com quantidades muito pequenas. [18]A antena do inseto consegue "cheirar" quanta de odor, ou seja, 10- g de uma substância química são suficientes para desencadear uma atividade biológica. A segunda caraterística é a especificidade muito elevada das feromonas em relação às espécies. As feromonas são geralmente uma mistura de vários componentes em proporções precisas (Yadav, 1999). A terceira caraterística é a existência de uma relação estrutura-atividade (SAR) muito forte. Assim, uma pequena alteração na estrutura pode neutralizar a atividade biológica e até causar inibição. A quarta caraterística refere-se à distância efectiva da atividade. Nas traças, as feromonas sexuais podem normalmente atrair machos ou fêmeas a uma distância de 50-100 m (Sower et al. 1973, Schneider, 1999). Noutros casos, a distância efectiva é de alguns centímetros. Os princípios activos são difundidos por difusão e pelos ventos no ar, sendo a maior parte da atração exercida a favor do vento. A quinta caraterística que é particularmente verdadeira para as feromonas sexuais é a sua indispensabilidade para a maioria dos animais, porque sem as suas feromonas sexuais, os machos e as fêmeas, muitas vezes dispersos, dificilmente se podem encontrar, acasalar e reproduzir.

É necessária uma boa formulação para uma aplicação eficaz no terreno. Esta tecnologia de formulação visa encapsular a feromona no interior do septo ou do distribuidor, protegê-la da degradação por factores ambientais e libertá-la no campo numa quantidade controlada durante o período de tempo necessário. Foram utilizadas matrizes poliméricas reticuladas, cápsulas, camadas poliméricas tipo sanduíche, tubos ocos, membranas semipermeáveis, microencapsulações e polímeros extrudidos, para citar apenas alguns exemplos (Weatherston 1990).

As feromonas são gradualmente mais eficazes a baixas densidades populacionais, não afectam os inimigos naturais e podem, portanto, provocar um declínio a longo prazo das populações de insectos que não pode ser conseguido com os insecticidas convencionais.

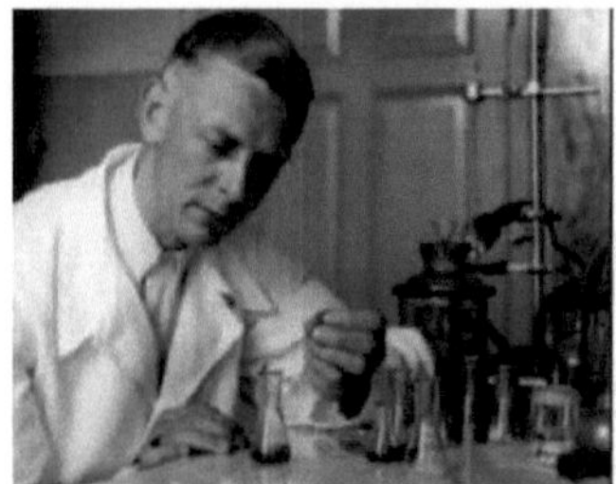

Figura 4: Adolf Butenadt a trabalhar no laboratório do Instituto Max Planck, Alemanha

1.3 Isolamento e caraterização

As feromonas sexuais de animais adultos podem ser isoladas por lavagem das gónadas femininas com hexano ou éter e detectadas como activas por bioensaios no campo. Os componentes da feromona podem ser identificados por métodos espectroscópicos e microdegradativos. As glândulas das fêmeas adultas virgens que apresentavam um comportamento de chamamento foram lavadas com éter e o éter foi concentrado por destilação através de uma coluna de scenton. Antes de 1972, a maior parte do trabalho de recolha de feromonas tinha como objetivo a elucidação estrutural. A recolha implicava geralmente a difícil extração por solvente de insectos inteiros ou de partes isoladas, geralmente as glândulas. Na última década, os avanços nas técnicas analíticas físico-químicas, em especial a cromatografia gás-líquido capilar, a espetrometria de massa de iões selectivos e a cromatografia líquida de alta eficiência, permitiram que os métodos de deteção atingissem um elevado grau de sensibilidade e resolução sem a necessidade de recolher ou cultivar milhares de insectos.

2.0 Componentes e proporções da mistura de feromonas

Nas décadas de 1960 e 1970, as melhorias técnicas aceleraram drasticamente o ritmo e a produtividade da investigação sobre feromonas. Os melhoramentos incluíram a utilização de três técnicas, a cromatografia gasosa, a espetrometria de massa e a ressonância magnética nuclear. Estas técnicas foram utilizadas em combinação com o electroantenograma (EAG). Quimicamente, as feromonas de Helicoverpa são multicomponentes e consistem de um a seis componentes diferentes em diferentes proporções. Piccardi et al. (1997) publicaram provas de que o (Z)-11 hexadecenal é um componente da feromona sexual feminina desta praga de insectos. Indicaram também que outros componentes estão provavelmente presentes. Em Israel, Dunkelblum et al. (1980) identificaram a composição da feromona sexual feminina de Helicoverpa armigera e descobriram que esta contém quatro componentes principais: (Z)-9-hexadecenal [(Z)-9-HDAL] (3 por cento), (Z)-11-hexadecenal [(Z)-11-HDAL] (87 por cento), hexadecenal (4 por cento) e hexadecenol (6 por cento). Foram identificados seis componentes no extrato glandular de Helicoverpa armigera (Z)-11-16: Ald, (Z)-9-16: Ald HDAL, (Z)-11-16: OH, (Z)-7-16: Ald e (Z)-11-14: Ald (Kehat e Dunkelblum, 1990). As medições electrofisiológicas das respostas às feromonas sexuais de Helicoverpa armigera revelaram que o (Z)-11 hexadecenal (que produz picos grandes) é um componente principal e o (Z)-9 hexadecenal (que produz picos pequenos) é um componente menor da feromona (Wu, 1993, Kesara et al, 1989), o que também foi referido por (Wu et al., 1997) e Igrassheva e Razakov, 1990; Rafaeli et al., 1993 provaram este facto por análise MS. O principal componente da feromona para H. zea é Z11-16:ald, enquanto H. assulta utiliza Z9-16:Ald. H. zea utiliza um ácido gordo de 16 carbonos para formar Z11-16:Ald por dessaturação e redução de Z-11, mas também necessita de um ácido gordo de 18 carbonos para biossintetizar Z9-16:Ald e Z7-16:Ald (Choi et al., 2001). Foram identificados seis componentes de feromonas a partir do extrato glandular de H. armigera: Z-11 HDAL, Z-9 HDAL, HDAL, Z-11-HDOL, Z-7 HDAL e Z-9 TDAL (Dunkelblum e Kehat, 1989).

CHEMICAL STRUCTURE OF SEX PHEROMONES

Insect	Name of Pheromone	Chemical structure
Bombyx mori	Bombykol	10,12 Hexa-decadien 1-ol
Porthetria dispar	Gyplure	1 Hexal-12-Hydroxy-3 Dodisenile acetate
Honey bee(*Apis spp.*)	Queen substance	9.0x0-trans-2-Decenoic acid
Periplanata americana	----	2,2 Dimethyl-3-iso propelidine cyclo proply propionate
Mad fly	Singlure	2,3 secondary, Butyle 4 chloro 2 methyl hexane
Mad fly	Trimedlure	2,3 Ter.Butyl.
Oriental fruit fly	Methyl eugenol	1 Alil 1,2-Diemethoxy Benzene.
Carda cautella	--	9,12 tetra decadien 1- ol acetate
Pectinophora gossypiella	---	10-prophy-trans 5,9 tridecadien 1-ol-acetate
Porthetria dispar	---	D-10-acetoxy-cis 7-hexa decen-1-ol.

Quadro 1: Composição química de insectos importantes.

O rácio mais eficaz e biologicamente ativo dos componentes da feromona (Z)-11 hexadecenal e (Z)-9 hexadecenal da *H. armigera foi de 97:3 (Kumara e ShivaKumara 2003; Dubey et al, 2001; Varshney e Kanaujia, 2006).* A atividade da traça Helicoverpa armigera foi monitorizada com a formulação de feromona sintética, uma mistura de (Z)-11-HDAL e (Z)-9-HDAL na proporção de 97:3 (Longananathan e Uthamasamy, 1998; Nandihali et al, 1991; Naik et al, 1993; Rosaiah e Reddy, 1995; Mitchell e Mayer 2000; Millar, 2000 e Gadi et al, 2014), o que também é relatado por Sah et al. 1988 no Nepal.

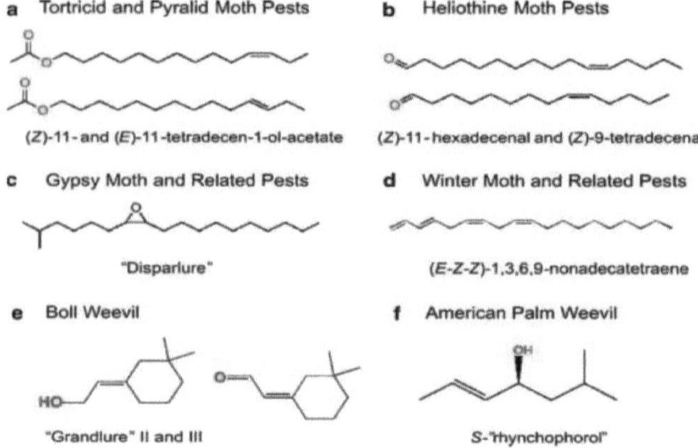

Figura 5: Algumas estruturas químicas de feromonas de insectos

Figura 6: Grande plano das antenas de um macho adulto da traça-da-lua, que tem um aspeto emplumado Os cientistas podem detetar a explosão de atividade eléctrica gerada por essas antenas quando expostas a feromonas (foto cortesia de Jacalyn Loyd Goetz).

Atualmente, os dados sobre as misturas de feromonas de traça e outras feromonas de insectos e as estruturas químicas estão resumidos num sítio Web (http://www.pherobase.com), uma fonte de informação gratuita extremamente prática

3.0 Infestação e danos causados por Helicoverpa nas culturas de leguminosas

As pragas de insectos são o principal fator limitante da produção de produtos hortícolas na Índia e na Ásia tropical, sendo as pragas de Lepidoptera as que causam danos significativos. A agricultura indiana é a espinha dorsal da economia. A agricultura indiana sofreu grandes alterações na segunda metade do século XX. A broca das leguminosas Helicoverpa armigera (Hubner) desempenha um papel prejudicial na destruição da cultura do grão-de-bico, a terceira cultura de leguminosas mais importante do mundo (Prabhakar Rao et al. 2000). As pragas de lepidópteros, em particular a praga polífaga Helicoverpa (We at al 2013), causaram perdas de cerca de 500 milhões de rupias na Índia, apesar da utilização de insecticidas químicos, e as perdas anuais no feijão-frade e no grão-de-bico foram estimadas em mais de 600 milhões de dólares. A H. armigera é uma praga importante do algodão e das leguminosas. A Helicoverpa armigera (Hubner) tornou-se uma ameaça nas regiões de cultivo de leguminosas, tendo causado danos significativos ao grão-de-bico e ao feijão bóer. A última epidemia de H. armigera nestas culturas foi registada em 2001 (Dhaliwal et al., 2010) e causa perdas anuais de 300-500 milhões de dólares na Índia (King, 1994). A broca das vagens H. armigera, também conhecida como lagarta americana, tornou-se uma praga de importância nacional na Índia, causando perdas económicas em várias culturas, como o grão-de-bico, o feijão-frade, o algodão, o girassol, o tomate, a malagueta, etc. Afirma-se que a H. armigera causa por vezes até 90-95% de danos no grão-de-bico (Sachan e Katti, 1994, Lateef e Reed, 1983 e Lal et al., 1985).

No feijão-de-pombo, as perdas foram frequentemente superiores a 50%, enquanto as perdas evitáveis no grão-de-bico em Bihar e Andhra Pradesh foram estimadas em 34,7% e 28,7%, respetivamente (Rao et al., 1990). A H. armigera e dois outros bollworms causam perdas de produção de 52 a 60%. Na Índia, o grão-de-bico é cultivado numa área de um milhão de hectares, o que representa cerca de 64,6 por cento da área mundial de grão-de-bico, com uma produção de 5,5 milhões de toneladas e uma produtividade de 753 kg/hec. *A H. armigera* fere as pontas de crescimento ou os botões das plantas, o que pode perturbar o desenvolvimento e a maturidade da planta. Após a fuga do inseto, as consequências da sua "alimentação" podem provocar o apodrecimento dos frutos e infecções bacterianas. (Beyer, 2013) Isto mostra que *a H. armigera* é responsável por devastação em massa e danos nas culturas em todo o mundo, mas especialmente em países com uma grande indústria de algodão, como a Austrália, a China e a Índia. A utilização

3.1 Várias culturas infestadas por Polyphagus helicoverpa armigera

Picture	Title	Caption	Copyright
	Eggs	Helicoverpa armigera (cotton bollworm); eggs on chickpea: yellowish-white and glistening at first, changing to dark-brown before hatching; pomegranate-shaped, diameter 0.4-0.6 mm.	©Andrew B.S. King
	Larva	Helicoverpa armigera (cotton bollworm); larva.	©USDA-ARS
	Larva on tomato	Helicoverpa armigera (cotton bollworm); young tomatoes are invaded and fall, larger larvae may bore into older fruits.	©Andrew B.S. King
	Larvae on pearl millet	Helicoverpa armigera (cotton bollworm); larvae (two colour forms) on pearl millet.	©Andrew B.S. King
	Larvae on pigeon pea	Helicoverpa armigera (cotton bollworm); larvae on pigeon pea pod.	©Andrew B.S. King
	Larva on cotton flower	Helicoverpa armigera (cotton bollworm); larva feeding at base of cotton flower.	©Andrew B.S. King
	Adult	Helicoverpa armigera (cotton bollworm); adult. wingspan 3.5-4 cm, 14-18 mm long; forewings with 7-8 blackish spots on the margin and a broad, irregular, transverse brown band. Hindwings pale-straw colour with a broad dark-brown border containing a paler patch, with yellowish margins.	©ICRISAT
	Adult	Helicoverpa armigera (cotton bollworm); adult.	©Georg Goergen/IITA Insect Museum, Cotonou, Benin
	TEM	Helicoverpa armigera (cotton bollworm); transmission EM of H. armigera NPV. Original image x 96,000.	©J.R. Adams
	Adult genitalia	Helicoverpa armigera (cotton bollworm); interior surface of the right valva: A. Helicoverpa armigera. B. Helicoverpa assulta. Note mm scale bar.	©Shin-ichi Yoshimatsu

Quadro 2: Alguns insectos e os seus componentes, tal como relatados

3.2 MEDIDAS DE CONTROLO DA HELICOVERPA E RESISTÊNCIA AOS INSECTICIDAS

3.2.1 Utilização de insecticidas

Os pesticidas são utilizados como a principal arma de controlo da H. armigera porque permitem aos agricultores reagir rapidamente e estão facilmente disponíveis. Na Índia, mais de 50% dos produtos químicos são utilizados para controlar a H. armigera apenas na cultura do algodão e estima-se que cerca de 30% são utilizados contra esta praga única em diferentes culturas (Sarode, 1998). Foram testados muitos insecticidas contra esta praga (Shahzad e Shah, 2003).

Foram utilizados vários insecticidas, incluindo Plenum (antifeedante), Advantage 10 EC, Nogas 10 EC e Talstar 10 EC, para controlar a praga nos tomateiros. Outros insecticidas, como o March 50 Ec (IGR), o Lorsban 40 EC e o Fury 10 EC, foram pulverizados para controlar a H. armigera nas macieiras. Dos insecticidas aplicados no tomateiro, o Nogas e o Talstar foram melhores e muito eficazes. Os insecticidas Match e Lorsaban foram eficazes no controlo da praga nos frutos da macieira (Hazara et al., 2000).

3.2.2 Resistência aos insecticidas

Vários investigadores encontraram resistência em H. armigera a quase todas as classes de insecticidas utilizados para controlar as pragas agrícolas (Armes et al., 1994, 1992; Bues et al, 2004; Phokela e Mehrotra, 1991, Hanumantha Rao et al.,) Foi registada resistência de Helicoverpa a vários piretróides sintéticos, como a cipermetrina, o fenvolato, a deltametrina, etc. (Kapoor et al., 2000; Tikar et al., 2001; Kranthi et al., 2002) e a microrganismos como Bacillus thuringiensis (Bt) (Wu et al., 2002) e Trichogramma (Romeis et al., 1999). Um relatório sobre o seu ciclo de desenvolvimento, os danos causados e a resistência dos insecticidas em França. A resistência moderada a elevada à cipermetrina e à ciflutrina e a resistência baixa a moderada à deltametrina, à lambda-cialotrina e à zeta-cipermetrina foram comunicadas por Ahmad et al. 1997. Foi detectada resistência a piretróides e organofosforados em larvas e adultos de H. armigera. Em Espanha, foi detectada resistência a 7 piretróides, bem como ao endossulfão, aos carbamatos e aos organofosforados (Vila et al., 2002; Torres et al., 2002). Foi detectado um baixo nível de resistência cruzada contra o fipronil, o clorpirifos, o indoxacarbe, o espinosade, a abamectina e o benzoato de emamectina (Ahmed et al., 2003). Nos anos 1991-1994, foi observada na Nova Zelândia uma resistência de 69 vezes de H. armigera do tomateiro ao fenvalerato (Cameron et al., 1995).

A resistência dos insecticidas à cipermetrina aumentou para 57,6 % em 1997 e 78,5 % em 1998 na ervilha e de 48,9 % para 66 % no grão-de-bico de 1997 a 1998. Os resultados também mostraram que mais de 75 % das larvas eram resistentes à cipermetrina (Phokela et al., 2002).

A resistência aos insecticidas disponíveis continua a ser um problema grave. Na traça do bacalhau, por exemplo, a resistência aos insecticidas está a aumentar em toda a Europa. Além disso, é um facto reconhecido que a utilização excessiva de insecticidas conduz a surtos de pragas secundárias, como os ácaros fitófagos, que são difíceis de controlar com pesticidas. A substituição dos insecticidas por tratamentos com feromonas contra a traça do bacalhau torna supérfluos os tratamentos contra os ácaros fitófagos, o que compensa os custos do tratamento com feromonas nos pomares do Tirol do Sul, por exemplo.

3.2.3 Controlo biológico

A Helicoverpa tem uma variedade de inimigos naturais e mais de 80 espécies parasitas e 10 espécies predadoras. A maioria destes inimigos foi observada no subcontinente indiano em ovos, larvas, pupas e adultos desta praga; Chrysoperla e Braconids são também bioagentes muito eficazes e úteis contra Helicoverpa e requerem atenção adequada para uma utilização eficaz. O fornecimento atempado de bioagentes de boa qualidade aos agricultores é um grande obstáculo à adoção do controlo biológico (Singh, 1997 e Devi et al., 2002).

A utilidade de microrganismos como o vírus da poliedrose nuclear (NPV) e Bacillus thuringiensis para o controlo de Helicoverpa foi amplamente demonstrada (Rabindra e Jayraj, 1990; Yadava e Lal, 1998; Bhagwat e Wightman, 2001; Balasubramanian et al., 2002). A resistência das pragas agrícolas às culturas geneticamente modificadas está a aumentar constantemente, como mostra a figura 3. Por este motivo, a espécie H. armigera é muito difícil de controlar e, em apenas 5 anos, a taxa de imunidade aumentou significativamente. (Tabashnik, 2013) Estes valores podem ser ainda mais elevados num futuro próximo, o que significaria um encargo financeiro e económico adicional para a indústria agrícola. Por este motivo, é necessário desenvolver novas tecnologias para ajudar a controlar esta praga nociva.

Figura 7: Populações de H. armigera que são reticentes em relação às plantas Bt. Os números baseiam-se em 9 populações em 2005 e 13 populações em 2010 (Tabashnik, et al. 2013).

3.2.4 Controlo integrado de pragas

A infestação da broca das vagens foi maior em condições de sementeira tardia, como mostra a pontuação média global mais elevada de 40,22 e 17,49. Um módulo de gestão integrada de pragas foi conduzido no grão-de-bico durante a estação Rabi 2001-2002 em Maharastra. A utilização de armadilhas com feromonas (5 armadilhas/hac) + extrato de sementes de nim (5%) e recolha de larvas de H. armigera. O módulo IPM resultou num número mínimo de H. armigera, menos danos nas vagens, rendimento máximo e retornos líquidos mais elevados e os agricultores obtiveram um rendimento adicional de Rs. 963.000 (Mote et al., 2002).

3.3 Resistência aos pesticidas naturais e sintéticos

Vários investigadores comunicaram a resistência da H. armigera a quase todas as classes de insecticidas utilizados para controlar as pragas agrícolas (Armes et al., 1994, 1992; Bues et al., 2004; Phokela e Mehrotra, 1991, Hanumantha Rao et al., 2000 e Yakub et al, 2007) Helicoverpa é resistente a vários piretróides sintéticos, como cipermetrina, fenvulato, deltametrina, etc. (Kapoor et al., 2000; Tikar et al., 2001; Kranthi et al., 2002) e a microrganismos como Bacillus thuringiensis (Bt) (Wu et al., 2002, alvi et al 2012, Yutao Xiao et al, 2016) e Trichogramma (Romeis et al., 1999). Resistência moderada a elevada à cipermetrina e à ciflutrina, resistência baixa a moderada à deltametrina, lambda-cialotrina e zeta-cipermetrina (Ahmad et al., 1997).

4.1 Tipos de armadilhas de feromonas e sua comparação

As duas armadilhas de feromonas mais utilizadas são a armadilha delta e a armadilha de asas, como se pode ver na figura abaixo. O tipo de dados fornecidos pelas capturas de insectos nas armadilhas de feromonas é conhecido como uma estimativa relativa (Dent 1991). Isto significa que os insectos capturados na armadilha não provêm de um volume de área conhecido, ao contrário dos insectos que podem ser encontrados numa quadrícula, que fornece uma estimativa absoluta. As principais vantagens da estimativa relativa são o facto de ser menos dispendiosa, uma vez que a colocação de armadilhas não é tão trabalhosa como a utilização de quadrículas. Também pode ser utilizada para detetar insectos que se encontram no ar. As armadilhas utilizadas para a monitorização relativa podem ser armadilhas mecânicas, como as armadilhas de sucção ou as armadilhas de queda, ou armadilhas de atração, como as armadilhas luminosas ou de feromonas. A área em torno de uma armadilha de feromonas que tem uma concentração de feromonas suficientemente elevada para atrair um inseto é designada por área ativa. Em Andhra Pradesh, foi desenvolvido desde 1977 um sistema de armadilhas para monitorizar os machos adultos de H. armigera utilizando uma feromona sexual. As armadilhas secas, especialmente as armadilhas de funil, foram mais eficazes do que as armadilhas adesivas. A armadilha de funil branca foi a mais eficaz, e a inclusão de um deflector perfurado à volta do isco aumentou significativamente as capturas. As armadilhas padrão do ICRISAT são utilizadas para monitorizar as populações de H. armigera em todo o subcontinente indiano (Pawar et al., 1988). A atividade sazonal de P. xylostella foi monitorizada com a armadilha de feromona pegajosa de cor amarela e uma armadilha luminosa, enquanto a de H. armigera foi monitorizada com as armadilhas de feromona pegajosa e de água e a armadilha luminosa. A melhor armadilha para a H. armigera foi a armadilha de água (Kumar, 2000).

Num estudo sobre a utilização de armadilhas com feromonas sexuais para a monitorização e armadilhagem em massa de H. armigera em tomates e amendoins em Taiwan (Yen et al., 1989), as armadilhas de fluxo de água e as armadilhas adesivas foram melhores do que as armadilhas Takeda e de garrafas PET.

Diferentes tipos de armadilhas que têm sido utilizadas em Israel ao longo dos anos. As armadilhas de funil modernas utilizadas em todo o mundo são semelhantes em termos de conceção às armadilhas de funil desenvolvidas em Israel há muito tempo (Kehat e Dunkelblum, 1993).

A eficácia das armadilhas com feromonas e das armadilhas luminosas para capturar os noctuídeos do algodão H. armigera, Earias vittella e Spodoptera littura foi comparada em Karnataka, na Índia, em 198788 . A armadilha luminosa funcionava com uma lâmpada de vapor de mercúrio de 160 watts, enquanto as armadilhas com feromonas estavam equipadas com uma manga. As armadilhas luminosas foram eficazes na captura de H. armigera e as armadilhas com feromonas na captura de S. litura. As tendências populacionais foram semelhantes para os dois tipos de armadilhas e sugere-se que as armadilhas com feromonas possam ser utilizadas em zonas remotas, onde as armadilhas luminosas não são práticas. As armadilhas com feromonas foram mais sensíveis do que as armadilhas luminosas a baixas densidades populacionais de H. armigera (Nandihali et al., 1990).

Foram comparados cinco tipos diferentes de armadilhas com feromonas quanto à sua eficácia na captura de H. armigera em Karnataka, na Índia. A armadilha Ecomax capturou o maior número de traças e foi também a mais eficaz das armadilhas (Patil e Mamdapur, 1996).

Foram comparados diferentes tipos de armadilhas com feromonas e iscos (ICRISAT, Ecomax, Pest Control India ltd. e Pheromone India) quanto à sua eficácia na captura de H. armigera em Karnataka, na Índia. As armadilhas ICRISAT e Ecomax foram consideradas as mais eficazes de entre as armadilhas e os iscos (Kulkarni e Patil, 1996).

As diferentes formas de armadilhas de vagem, com um colar com menos de 10 cm de diâmetro e uma distância de 3 cm entre o colar e a tampa, foram as mais eficazes. As armadilhas de cone duplo (modelo Texas) capturaram três vezes mais traças de H. armigera do que as armadilhas de manga normais. As armadilhas de manga melhoradas, iscadas com Z-11 Hexadecenal e Z-9 Hexadecenal, foram tão eficazes como as armadilhas de cone duplo (Sinha e Mehrotra). No inverno de 1994, em Tamil Nadu, foram utilizadas armadilhas luminosas e com feromonas para o controlo da H. armigera e de outras pragas do algodão (Rajaram et al., 1999). Em 1997, foi efectuado um teste comparativo na China para capturar bollworms utilizando armadilhas de cone (80^50 cm2) e armadilhas de taça de água (23 8 cm2) iscadas com feromonas sexuais sintéticas. O número de machos capturados por cada armadilha em cone e por noite foi de 18,6 e as armadilhas foram colocadas em dois locais de observação. Tendo em conta a elevada eficiência, a estabilidade e a viabilidade das armadilhas de cone, acredita-se que estas poderiam ser melhoradas para substituir as armadilhas de água num programa de controlo normalizado do bollworm adulto na China (Sheng et al., 2001).

A eficácia e o raio efetivo de quatro armadilhas, nomeadamente a lâmpada de vapor de mercúrio de alta pressão (HPML), a lâmpada de onda dupla (DWL), o transportador de feromonas sexuais (SPC) e o feixe de ramos de choupo (PTB) no controlo do bollworm foram avaliados num ensaio de campo realizado na China em 1994-95. Foi observada uma forte atração de H. armigera por todas as armadilhas. No entanto, a atração pelas armadilhas diminuiu com a diminuição da densidade populacional das pragas (Wei et al., 2001).

Os machos da lagarta-do-cartucho-do-milho foram capturados em campos de algodão na Florida em 1997. Em armadilhas de feromonas em cone e armadilhas de balde iscadas com quatro tipos diferentes de iscos comerciais (Mitchell e Mayer 2000). A eficácia de diferentes tipos de armadilhas com feromonas e a sua modificação foram avaliadas quanto à sua capacidade de capturar machos da traça H. armigera num ecossistema de feijão-frade em Gujarat, na Índia. Não foram encontradas diferenças significativas no desempenho das armadilhas de funil e das armadilhas com funil e aba (Nandgopal et al., 2003).

Utilizando redes de armadilhas luminosas e de feromonas, as capturas de traças em ambos os tipos de armadilhas foram monitorizadas e comparadas em muitos locais da Índia. As capturas foram mais elevadas nas localidades do norte do que nas localidades do sul. As armadilhas com feromonas foram consideradas adequadas para a monitorização em locais do norte e do centro. Para uma melhor monitorização, ambas as armadilhas devem ser utilizadas em simultâneo (Srivastava et al., 1992).

Quatro feromonas comercialmente disponíveis e atractivas para H. Zea foram utilizadas como isco em quatro tipos de armadilhas; as armadilhas de pilha dura capturaram três vezes mais traças do que as armadilhas de rede Helicoverpa e quinze vezes mais do que as armadilhas com feromonas múltiplas ou as armadilhas com um sistema internacional de feromonas (Gauthier et al., 1991).

Foram utilizadas armadilhas luminosas e com feromonas para monitorizar e comparar as capturas de H. armigera em toda a Índia. As armadilhas com feromonas foram consideradas mais adequadas para monitorizar esta praga (Srivastava et al., 1992).

4.1 Eficácia de diferentes septos e doses

Em Espanha, foram testados seis distribuidores de feromonas para capturar machos de H. armigera no tomateiro. Verificaram-se diferenças significativas entre os doseadores, sendo o Agrisense e o Bioprox os mais eficazes (Izquierdo et al., 1992).

A avaliação biológica e química de um distribuidor de feromonas sexuais plastificadas para H. zea ao longo das fronteiras dos campos de algodão e milho foi realizada no Texas Central, com distribuidores eficazes apenas durante duas semanas. 1,25 mg de uma mistura de Z-11- HDAL, Z-9- HDAL, Z-7- HDAL e HDAL numa proporção de 87: 3: 2: 8 (Lopez et al., 1991).

Estudos realizados com grão-de-bico em Pantnagar, na Índia, em 1993-95, mostraram que, dos quatro distribuidores de feromonas, os septos de borracha e de cortiça produziram capturas significativamente mais elevadas de H. armigera do que os filtros de cigarros ou o papel de filtro (Kant et al., 1998).

Desde 1977, foi desenvolvido em Andhra Pradesh, na Índia, um sistema de armadilhas para os machos de H. armigera, utilizando armadilhas com feromonas sexuais sintéticas. Foram utilizadas pequenas buretas de borracha com 2 mg da feromona adsorvida como iscos estáveis (Pawar et al.

1988). Um atrativo de dois componentes de 4 mg/armadilha foi o mais eficaz e durou mais de 30 dias, tendo sido encontrada pouca diferença entre dispensadores de plástico e de borracha. Para perturbar o acasalamento em campos de tomate, foram utilizados 5 mg de feromona por armadilha, sendo as doses inferiores menos eficazes (Yan et al., 1989). 1,25 mg de mistura de Z-11 HDAL e Z-9 HDAL, Z-7 HDAL e HDAL numa proporção de 87:3:2:8 na camada adesiva do reservatório (Lopez et al., 1991).

Kehat e Dunkelblum (1993) investigaram a importância do tipo de dador para atrair os machos. Concluíram que um septo israelita era mais eficaz do que os outros septos utilizados nos EUA. Foram comparados diferentes dadores para o extrato, tendo a madeira provado ser o melhor (Wongtong et al., 1992).

Os septos de borracha são considerados extremamente úteis para a entrega e captura de feromonas sexuais (Knight, 2002; Trimble et al, 1999; Kakizaki e Sugie, 2003; Hughes et al, 2002, Kalpna Varshney 2012, Varshney K,2006).

As armadilhas equipadas com feromona sintética a uma concentração de 1 mg/septo capturaram mais adultos, seguidas das armadilhas equipadas com 2,5, 0,5 e 0,25 mg de feromona por septo, uma vez que as armadilhas equipadas com concentrações mais elevadas tiveram um efeito inibidor e atrasaram o pico de capturas em 2-5 dias (Krishnakant et al., 1998).

Estudos realizados por Speranza (2001), utilizando armadilhas embebidas com 5 mg e 2 mg de feromona, mostraram que as armadilhas embebidas com 5 mg de feromona capturaram o maior número de machos, enquanto Rosaiah e Reddy (1995) capturaram o maior número de traças Heliothis adultas com 8 mg por dispensador.

5.0 APLICAÇÕES DA TECNOLOGIA DAS FEROMONAS

5.1 Controlo

Esta técnica consiste em colocar uma quantidade muito pequena de feromonas nas armadilhas de feromonas (em vários modelos). Estas armadilhas revelaram-se extremamente úteis para monitorizar e detetar populações de insectos, de modo a que os tratamentos insecticidas possam ser aplicados atempadamente e em doses baixas, e a densidade das diferentes espécies de pragas possa ser estimada. As feromonas sexuais dos insectos são utilizadas principalmente para atrair insectos machos para as armadilhas de feromonas, a fim de os detetar precocemente e determinar a sua distribuição temporal ao longo do ano. Em muitos casos, os insectos machos são atraídos por feromonas sexuais segregadas pelas fêmeas. A conceção das armadilhas, o tipo de isco e a dose da formulação são cruciais para a utilização eficaz de armadilhas para monitorizar as populações de insectos. A conceção e o tamanho das armadilhas podem variar em função do comportamento dos insectos visados...

A monitorização de feromonas é um instrumento muito útil e importante para o controlo de insectos/pragas, uma vez que é exato, suscetível, simples, económico, expedito e pode ser ativado mais cedo do que outros métodos de amostragem disponíveis, mesmo a densidades populacionais mais baixas (Singh et al., 2000, Reddy e Manjulatha, 2000).

Principal utilização das armadilhas de monitorização de feromonas

Information from trap catches	Application
Detection	Early warning, Survey Quarantine
Threshold	Timing of treatments , Timing of other sampling methods, Risk Assessment
Density estimation	Population trends, Dispersion, effect of control measures

O pico de capturas de adultos em armadilhas com feromonas foi registado em março e correlacionado com parâmetros meteorológicos (Anwar et al., 1994, Juneja et al., 2015). Dhanokar e Puri estudaram o pico de capturas de H. armigera em armadilhas com feromonas em campos de algodão em Maharastra em 1993. A atividade dos adultos foi monitorizada por Verma e Sankhyan (1993) utilizando armadilhas com feromonas sexuais na região média de Himachal Pradesh durante a semana normal de 10-11. O grão-de-bico foi utilizado pela população invernante de H. armigera entre a 13ª e a 20ª semana padrão, enquanto o tomate revelou uma infestação larvar persistente entre a 17ª e a 26ª semana padrão. A monitorização de larvas adultas da lagarta da espiga Helicoverpa armigera (Hubner) através da feromona sexual masculina foi estudada durante a kharif 2002 a 2011 na cultura de milho pérola em Jamnagar, Universidade de Agricultura de Junagadh, Junagadh (Juneja etal. 2015). A Helicoverpa armigera é uma nova praga do milho na Coreia. Causa enormes perdas de rendimento e deteriora a qualidade das plantas de milho. Para compreender a dinâmica populacional destas pragas, estas foram monitorizadas com armadilhas de feromonas sexuais nas principais áreas de cultivo de milho das terras altas da Coreia de 2012 a 2015 (Kim e Maharajan, 2017). A monitorização com armadilhas de feromonas revelou que a atividade da traça H. armigera persiste da 3ª-4ª semana de fevereiro à 2ª-3ª semana de maio, com um pico na 2ª-4ª semana de abril nos campos de cravinho nesta região (Pal e Senapati 2014). Em 2013-14 e 2014-15, foram realizados inquéritos nos campos dos agricultores no bloco Lalganj do distrito de Mirzapur durante a estação Rabi para monitorizar a população de

Helicoverpa armigera utilizando armadilhas de feromonas e para iniciar medidas de controlo adequadas a tempo (Ramwatar etal. 2016).

Este método é útil para evitar que a população de insectos se torne demasiado grande e para aplicar insecticidas a tempo (Singh et al., 2000). Especialmente na deteção de populações precoces de pragas de cápsulas de frutos, traças, lagartas do tabaco, traças diamantinas e traças das folhas (Pandey e Singh, 2000). As armadilhas com feromonas sintéticas foram utilizadas por Kanaujia et al. (2001) e Bhadaruria e Bhadauria (1998) para estudar as flutuações populacionais de H. armigera. As armadilhas com feromonas são geralmente recomendadas para monitorizar a H. armigera, a fim de ajudar no controlo atempado da praga (Malik et al. 2003).

A monitorização foi efectuada na região da URSS em agosto e setembro. Foi referido que a H. armigera é nocturna e caracteriza-se por quatro fases. Alimentação intensa duas a três horas após o pôr do sol, libertação intensa de feromonas três a nove horas após o pôr do sol. Pouco movimento duas a três horas antes do nascer do sol e pequenos períodos de alimentação quarenta e cinco minutos a uma hora antes do nascer do sol (Kravchenko, 1981).

Estudos sobre a utilização de armadilhas de feromonas sexuais para monitorização e armadilhagem em massa do noctuídeo Helicoverpa armigera em tomates e amendoins em Taiwan foram descritos por Yen et al. em 1989. Kehat e Dunkelblum, 1993, descreveram as contribuições israelitas para o desenvolvimento da monitorização de pragas do algodão com feromonas sexuais. Prasad (1996) realizou estudos para avaliar a utilidade das armadilhas com feromonas sexuais para a gestão das populações de H. armigera. Sugeriu que as armadilhas com feromonas sexuais podem ser utilizadas para monitorizar a população, a fim de tomar medidas de controlo adequadas. Chaudhry et al. (1995) estudaram a resposta de machos de H. armigera a fontes de feromonas sexuais em grão-de-bico em Rawalpindi, no Paquistão, e referiram que as populações deste inseto eram abundantes desde meados de março até à primeira semana de maio. A mesma atividade dos adultos foi observada com armadilhas de feromonas em Palampur, Himachal Pradesh. A captura mais precoce da traça foi registada na segunda semana de março. (Gupta et al., 2002) As armadilhas com feromonas sexuais constituíram um indicador útil para determinar o momento da aplicação de insecticidas e monitorizar a população de grão-de-bico.

A utilização de armadilhas com feromonas foi comunicada para o tomate e o milho no Uzbequistão (Khodzhaev et al., 2002). Em 2001 e 2002, os machos de H. armigera foram monitorizados em girassóis no Karnataka, utilizando armadilhas com feromonas. As capturas nas armadilhas foram mais baixas em setembro e mais elevadas em novembro (Jagdish et al., 2003). Num ensaio de campo em Tamilnadu (20012002), foram analisadas as capturas de traça-da-espiga em armadilhas com feromonas; as capturas de traça aumentaram de 2001 para 2002 (Balakrishnan et al., 2003).

Em Itália, Sparanza (2001) monitorizou as capturas de H. armigera com armadilhas de traptos (iscos) equipadas com diferentes quantidades de feromona. Na Nova Zelândia, a traça H. armigera foi capturada pela primeira vez com armadilhas de feromona em dezembro, durante a estação de crescimento de 1985-86, com números máximos em março e desaparecendo no final de abril (Nathawat e Fememorel 1991). Nos Estados Unidos, a atividade dos machos adultos de H. zea e H. virescence foi também monitorizada em 198286. O estudo envolveu uma monitorização semanal. Os adultos estiveram activos desde o início de abril até ao final de outubro, com um aumento de atividade em setembro, à medida que a época do algodão avançava. A monitorização no sul da Rússia foi efectuada por Yarysheva (2003).

O pico de captura de adultos nas armadilhas com feromonas foi registado em março e correlacionado com os parâmetros meteorológicos (Anwar et al., 1994). Estudos com armadilhas com feromonas realizados em Ludhiana entre 1983 e 1990 com ervilhas e grão-de-bico mostraram que havia dois picos de população de Heliothis armigera por ano, um em março/abril e o segundo em outubro (Chhabra e Kooner, 1992).

Dhanokar e Puri (1993) estudaram as principais capturas de H. armigera em armadilhas com feromonas em campos de algodão em Maharastra. A atividade dos adultos foi monitorizada por Verma e Sankhyan (1993) utilizando armadilhas com feromonas sexuais na região média de Himachal Pradesh durante a semana normal de 10-11. O grão-de-bico foi utilizado pela população invernante de H. armigera entre a 13ª e a 20ª semana padrão, enquanto o tomate foi utilizado entre a 17ª e a 26ª semana padrão.

O controlo de H. armigera com armadilhas de feromonas foi efectuado no algodão na Hungria e no Egipto; Salem (1998) estudou a armadilhagem de campo do bollworm americano com feromonas sexuais no Centro Nacional de Investigação no Cairo.

Intawat et al. (1990) utilizaram 13 armadilhas de cone padrão para monitorizar traças adultas em Kamphaeng, Tailândia. Todas as armadilhas foram iscadas com hormonas sexuais femininas. A resposta do bollworm americano a diferentes padrões de colocação de armadilhas com feromonas foi estudada num campo de tomate na Universidade de Kasetsart.

Foram criadas duas amostras no limite e no interior do campo experimental para avaliar a resposta das traças macho. A abundância de H. armigera foi monitorizada utilizando armadilhas com feromonas.

A ocorrência sazonal e o número de gerações por ano do bollworm foram observados de 1998 a 2001. No total, a H. armigera completou quatro ou cinco gerações por ano e as armadilhas com feromonas registaram seis picos de emergência de adultos. O primeiro pico foi o aparecimento de adultos após o inverno; os outros três picos representaram a segunda e terceira gerações da população (Imura et al., 2002).

A análise das capturas de armadilhas luminosas e de feromonas em sete anos, de 1987 a 1993, e a comparação com os dados de 1994 a 1995 revelaram uma atividade máxima de H. armigera de outubro a dezembro (Patil e Kulkarni, 1997).

Estudos de campo sobre a monitorização de H. armigera foram realizados extensivamente na Índia (Sinha e Jain 1992; Chhabra e Kooner 1993; Longanthan et al., 1999). Naik et al. (1996) realizaram um estudo para determinar a fiabilidade das armadilhas com feromonas para estimar as flutuações da H. armigera através da monitorização. Os resultados mostraram que a praga está ativa durante todo o ano, exceto durante os meses quentes de verão.

A eficácia de diferentes tipos de armadilhas e das suas modificações foi avaliada para monitorizar os machos da traça H. armigera num ecossistema de feijão-frade em Gujrat (Nandgopal et al., 2003). Numa experiência de campo realizada em 2000-2002 em Tamil Nadu, na Índia, as capturas de traça do bicudo do algodoeiro e de Pectinophora gossipiella foram analisadas em armadilhas com feromonas. As capturas de traça aumentaram entre 2000/01 e 2001/02 (Balakrishnan et al., 2003).

A atividade da H. armigera foi monitorizada utilizando armadilhas luminosas e de feromonas e os dados das armadilhas foram correlacionados com factores abióticos em 1997-98 e 1998-1999 em Himanchal Pradesh, na Índia. As primeiras capturas de traça foram registadas na segunda semana de março, ou seja, na 10ª semana padrão (SW) em 1998 e na 12ª SW em 1999, em ambos os tipos de armadilhas. As capturas mais elevadas foram registadas na segunda semana de abril (Gupta e Deshraj, 2002).

A dinâmica populacional e o controlo de H. armigera (Hubner) foram estudados em culturas de ervilha, tomate e maçã no Baluchistão. Os resultados das armadilhas luminosas e de feromonas e a infestação das larvas no campo mostraram que o inseto ocorre primeiro nos pomares de macieiras e danifica os frutos das macieiras nas fases iniciais até à formação das vagens nas ervilhas e danifica a cultura. No verão, o inseto foi encontrado em culturas de tomate com infestações muito elevadas.

5.2 Perturbação do acasalamento

Quando as feromonas sexuais sintéticas para uma variedade de pragas agrícolas chegaram ao mercado na década de 1970, os cientistas voltaram a sua atenção para a perturbação do acasalamento como uma abordagem amiga do ambiente para o controlo de insectos. Esta forma de tecnologia de feromonas perturba a interação entre os insectos machos e fêmeas, normalmente designada por "perturbação do acasalamento". Teoricamente, a perturbação do acasalamento pode ser conseguida de duas formas:

a) Inibição dos órgãos sensoriais, o que faz com que o inseto macho perca a capacidade de encontrar a fêmea;

b) Mascaramento dos vestígios de odores naturais;

c) Concorrência entre fontes sintéticas e naturais da feromona

Quando o macho sente o cheiro de uma feromona, é forçado a ziguezaguear contra o vento em direção à fonte da feromona. As traças macho podem detetar com precisão as feromonas sexuais emitidas por fêmeas de espécies específicas através do seu olfato altamente preciso e específico (Liu Y, etal. 2013). A presença de concentrações uniformes de feromonas sintéticas no ambiente imita as feromonas naturais, tornando-as indistinguíveis para o inseto macho e causando assim uma mudança drástica no comportamento. O motivo para perturbar o acasalamento é o facto de as fêmeas da espécie ficarem sem companheiro. Quanto maior for a quantidade de feromona aplicada e quanto maior for a taxa de libertação, maior será a probabilidade de os machos se confundirem na névoa de feromona do ambiente (grandes doses de fontes difusas como as microcápsulas ou doses maiores de feromona em fontes pontuais). Carde e Minks (1995).

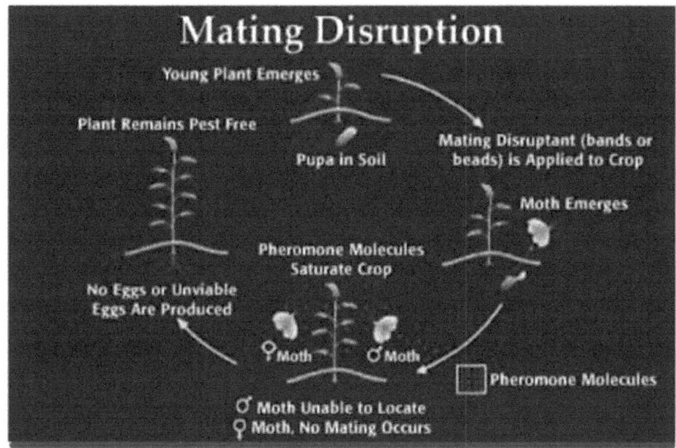

Figura 8: Diagrama esquemático da interrupção do emparelhamento

Os insecticidas não funcionam tão bem como muitas vezes se pensa e nunca se conseguiu um declínio populacional a longo prazo em nenhuma espécie. Em comparação, um programa bem executado de perturbação do acasalamento pode ser claramente mais eficaz do que os insecticidas para algumas espécies. Uma observação partilhada por muitos dos que trabalham com a desregulação do acasalamento é que a sua utilização a longo prazo conduz a um declínio contínuo das populações das espécies-alvo. Isto pode dever-se à recuperação da fauna benéfica e a um aumento global da estabilidade do ecossistema do pomar.

A interrupção do acasalamento através da utilização de uma formulação microencapsulada (40-80 a.i. ha-1) revelou-se pouco económica no Egipto, pelo que foi proposto o método de atrair e matar com 2 g a.i. ha-1 de feromona por aplicação de inseticida.

Foi investigada a eficácia de feromonas sexuais combinadas no controlo de pragas da couve (H. armigera, Spodoptera litura, S. exigua, Manestra brassicae, Autographa nigrisigna e Plutella xylostella). Os resultados mostraram que a comunicação de acasalamento foi perturbada pelas feromonas sexuais e que as zonas tratadas tinham uma densidade de pragas inferior à das zonas não tratadas (Ichikawa et al., 2002). A técnica de perturbação do acasalamento foi estudada por Hirooka e Suwanai em Tóquio, em 1976, e por Yen et al. em Taiwan, em 1989. Kehat e Dunkelblum (1993) deram um contributo israelita para o desenvolvimento de sistemas de rutura do acasalamento no algodão. As experiências para testar uma formulação de aerossol polimérico aplicado à mão contendo os principais componentes da feromona sexual de Spodoptera littoralis deram resultados promissores.

Foi conseguida uma interrupção satisfatória do acasalamento em H. armigera através da aplicação manual de cordas ShinEtsu.

Foi introduzido um sistema de perturbação do acasalamento em mais de 100 hectares de campos de algodão em Espanha. O sistema consistiu na utilização de uma formulação de libertação controlada de feromonas sexuais. Foram utilizadas várias armadilhas com feromonas para determinar os padrões de voo de H. exigua e do gorgulho das couves-de-bruxelas. Os resultados preliminares indicam que o sistema de interrupção do acasalamento é uma alternativa promissora ao controlo químico em zonas endemicamente infestadas (Collar e Galvez 2002). A mesma técnica foi utilizada por Park et al. 1999.

A síntese da feromona sexual feminina e a receção da feromona sexual masculina são duas pragas do sistema de comunicação da feromona sexual das espécies de Helicoverpa. Os machos a quem foram retiradas as antenas não conseguiram acasalar com fêmeas normais. As fêmeas a quem foram retiradas as antenas tiveram uma taxa de sucesso de acasalamento de quarenta por cento (Zhao et al., 2003; Fan et al., 2003). Em estudos, as atracções sexuais de Pectinophora gossypiela, H. armigera, Earias vittella e Spodoptera litura foram analisadas individualmente e em duas combinações diferentes quanto à sua capacidade de atração intra e interespecífica em Tamil Nadu em 1986-88. Discute-se o papel das feromonas como componente da gestão integrada de pragas e a utilidade de combinações de atractivos sexuais para perturbar a comunicação intra e interespecífica das espécies de pragas do algodão (Muthukrishnan e Balsubramanian 1999).

Ge, Shaaokui (1997) referiu que as feromonas sexuais não só afectam a contagem e a cópula de H. armigera adultos, como também interferem com o voo, a dispersão e a ocultação. A necessidade de um sistema integrado de gestão de pragas para controlar a H. armigera utilizando feromonas é discutida como uma ferramenta eficaz (Ogawa 2000; Kagawa e Akutsu, 2001).

Foram também realizados ensaios na província de Punjab, no Paquistão, na campanha de algodão de 1996, para controlar o bollworm americano utilizando a técnica de interrupção do acasalamento (Chanberlam et al., 2000). Em Israel, foram testadas diferentes formulações de cordas Shin-Etsu que continham a feromona do bollworm [Helicoverpa armigera (Hubner)] ou a feromona do bollworm rosa [Pectinophora gossypiella (Saunders)] ou ambas na mesma corda, para a perturbação do acasalamento.

O sucesso da interrupção do acasalamento foi avaliado utilizando a técnica da mesa de acasalamento, que comparou a percentagem de acasalamento de fêmeas sentinela virgens em parcelas tratadas com feromonas e parcelas de controlo. Foram avaliadas duas variantes desta técnica, uma com duas mesas de acasalamento por parcela, cada uma contendo cinco a sete fêmeas, e a outra com seis a oito mesas de acasalamento por parcela, com apenas uma fêmea por mesa. Este último método foi mais sensível do que o primeiro, nomeadamente a baixas densidades populacionais. Em 1995, foram realizados dois ensaios para comparar uma mistura de cinco componentes de feromonas de H. armigera com uma mistura de dois componentes para perturbar o acasalamento. A aplicação consistiu em 2000 cordas/ha com 80 mg de feromona cada. A avaliação dos dois métodos de mesa de acasalamento mostrou claramente que a formulação de dois componentes era superior à mistura de cinco componentes em termos de perturbação do acasalamento e suprimiu quase completamente o acasalamento durante 49 dias. Em 1996, foi testada uma nova formulação combinada, HPROPE, contendo 175 mg da mistura de dois componentes de H. armigera e 65 mg da feromona de P. gossypiella, para a destruição do acasalamento de ambas as pragas. A aplicação de 625 cordas/ha provocou uma forte supressão do acasalamento das fêmeas de H. armigera durante, pelo menos, 94 dias e das fêmeas de P. gossypiella durante 161 dias. As taxas de libertação de feromona foram de aproximadamente 625 mg/dia/ha para H. armigera e 162 mg/dia/ha para P. gossypiella. Uma formulação "de longa duração" da feromona de P. gossypiella, PBW rope L 8®, aplicada a 125 cordas/ha e libertando 137 mg/dia/ha, conseguiu uma supressão completa do acasalamento durante 75 dias. Esta taxa de libertação da feromona de P. gossypiella foi muito inferior à atualmente utilizada em Israel (275 mg/dia/ha). O presente estudo mostra que o acasalamento de fêmeas de duas pragas de traça com feromonas diferentes pode ser suprimido por uma formulação combinada. .... _ .

5.3 Armadilhagem em massa

A terceira aplicação da tecnologia das feromonas é a captura de insectos em armadilhas de massa para evitar a proliferação de grandes quantidades de insectos. Uma redução maciça da densidade populacional de insectos nocivos acaba por ajudar a proteger recursos como os alimentos ou as fibras para consumo humano. Nesta abordagem, os insectos podem ser reduzidos a níveis baixos através da utilização de insecticidas (especialmente contra a fase larvar) e ainda suprimidos através da armadilhagem em massa dos adultos que sobrevivem (Kumara e Shiva Kumara, 2003). No entanto, a principal dificuldade da armadilhagem maciça reside no facto de ser necessário um grande número de armadilhas e de o custo da sua instalação e manutenção ser elevado. A vantagem da armadilhagem em massa é que também pode ser utilizada eficazmente para fins de monitorização. (Shah et al., 2015, Domotor et al., 2002).

6.1 Efeito da posição/conceção/altura da armadilha/substituição da septa

De acordo com os relatórios, a captura de traças pode ser menor perto da borda de uma cultura do que em armadilhas localizadas no centro. As armadilhas situadas em locais virados para o vento capturaram significativamente menos traças do que as armadilhas situadas no centro e em locais mais baixos. As feromonas podem espalhar-se a pelo menos 50 metros de distância da armadilha, dependendo da velocidade e da direção do vento.

As armadilhas foram colocadas no campo em duas filas. Em cada fila havia 5 armadilhas no campo. Foram observadas diferenças muito interessantes nas capturas de traças por armadilha nas duas filas, uma vez que a fila -1 capturou um total de 60% mais traças do que a fila -2. Na fila -1, a armadilha n.º 2 revelou-se a mais eficaz, seguida da armadilha n.º 4, em comparação com as outras três armadilhas. As capturas totais de traça na armadilha n.º 2 foram 73% e na armadilha n.º 4 25% superiores às capturas médias de traça na linha -1. Na linha -2, a armadilha n.º 2 também se revelou a mais eficaz em comparação com as outras 4 armadilhas desta linha. As capturas de traça nesta armadilha foram 82% superiores à média das capturas de traça nesta linha (Bhullar et al., 2005).

A conceção das armadilhas é também crucial para a sua utilização eficaz na monitorização das populações de insectos. A conceção e o tamanho das armadilhas variam em função do comportamento dos insectos visados. A coerência dos protocolos das armadilhas é essencial para a avaliação das populações, os limiares de pulverização e as comparações entre anos (Fan et al., 1995). As armadilhas colocadas a 40 m no interior de um campo de algodão apresentaram maiores capturas (Wilson e Morton, 1989).

De acordo com Dayakar e Rao (2000), as armadilhas com feromonas colocadas a uma altura de 1,75 m acima do solo revelaram-se mais adequadas para capturar o número máximo de traças macho. A colocação das armadilhas a uma altura óptima de 1,75 m é útil para monitorizar a população de Helicoverpa armigera, que pode ser utilizada como estratégia de controlo da praga.

Em 2001-02, foi efectuado um estudo em Akola, Maharastra, Índia. Foram montadas vinte armadilhas com feromonas. A distância entre duas armadilhas era de 50 m e os septos eram substituídos de vinte em vinte dias (Kadam et al., 2003). A eficácia dos septos diminuiu ao fim de vinte dias e foi restabelecida após a substituição dos septos velhos por septos novos (Bhullar et al., 2004; Dixit et al., 2002).

A avaliação biológica e química de um distribuidor de feromonas sexuais revestido de plástico para H. zea ao longo das fronteiras dos campos de algodão e milho foi realizada no centro do Texas, e os distribuidores foram eficazes apenas durante duas semanas (Lopez et al., 1991) e perderam a sua capacidade de atração após três semanas.

6.2 Efeito do prazo de validade

Na China, os efeitos da temperatura de armazenamento e da duração do armazenamento de septos de feromona sexual na captura de machos da broca do caule do arroz (C. suppressalis) foram investigados utilizando armadilhas de água. [000]Os tratamentos consistiram em septos armazenados a -180 C (I), à temperatura ambiente (II) e a -40 C (III) durante um ano e a -40 C (IV) durante menos de três meses (controlo). Os resultados mostraram que o número total de traças capturadas por armadilha, de 3 de junho a 10 de agosto, foi 27,1 e 38,8 % inferior nos tratamentos I e IV do que no controlo, embora a diferença não tenha sido significativa. O número de insectos capturados foi 53,7 e 62,8 % inferior nos tratamentos II e III do que na testemunha (Xuan et al., 2003).

6.3 Influência dos parâmetros meteorológicos nas feromonas

As feromonas podem ser utilizadas eficazmente no controlo de pragas, mas em muitos casos a sua estabilidade ambiental é moderadamente baixa. Uma das razões para tal pode ser o facto de as feromonas serem degradadas por factores ambientais como a temperatura e a luz solar (Oldenber et al., 1999, Varshney et al., 2004). A mistura de feromonas (geralmente a feromona é uma mistura de duas ou mais substâncias químicas) é muito importante para a atração de uma determinada espécie e, evidentemente, os produtos de degradação podem afetar a sua eficácia. O efeito degradante de alguns factores ambientais nas feromonas com ligações duplas conjugadas foi estudado em condições de campo e de laboratório (Millar, 1995). A análise de regressão revelou que os parâmetros meteorológicos (precipitação, temperatura máxima e mínima, humidade relativa da manhã e da tarde) têm um efeito significativo nas capturas das armadilhas (Jha et al., 1994, Sadaany et al., 1999, M.Pazhanisamy e S.D.Deshmukh 2011).

A resposta dos machos de H. armigera a fontes de feromonas sexuais foi estudada em grão-de-bico no Paquistão durante 1986-19991. A correlação dos dados das capturas semanais com os parâmetros meteorológicos mostrou que a população se altera em 6-18% (Chaudhry e Chaudhry, 1995).

A análise de regressão mostrou que os parâmetros meteorológicos (precipitação, temperatura máxima e mínima, humidade relativa matinal e vespertina) tinham uma influência significativa nas capturas das armadilhas (Patil et al., 1992).

6.3.1 Temperatura

A temperatura média máxima e mínima afectou diretamente as capturas de traças nas armadilhas de feromonas (Sinha e Jain, 1992), tendo sido observada uma relação negativa significativa entre as capturas semanais nas armadilhas e a temperatura (Panajulee et al., 1998 e Patil e Kulkarni, 1997; Verma e Sankhyan, 1993). [0]As capturas máximas de traças adultas em armadilhas com feromonas foram registadas em março, abril e maio (Anwar et al., 1994) e aumentaram entre 10,5 e 25,6 C num ensaio com grão-de-bico em Dhankuta, Nepal. [o]Speranza (2001) sugeriu que uma temperatura elevada, superior a 30 C, é favorável à captura de traças em armadilhas com feromonas.

Bhadauria et al. (1998) utilizaram armadilhas de feromonas sintéticas para estudar as flutuações populacionais de Helicoverpa armigera em Indore, M.P.. [o]Encontraram traças presas durante todo o ano, exceto durante um período (7-27 de maio) com temperaturas elevadas superiores a 40 C. Os mesmos resultados foram registados por Naik et al. (1996).

O estudo foi efectuado no Instituto Nuclear de Agricultura e Biologia (NIAB) no Paquistão. O estudo foi realizado para investigar o efeito de factores abióticos na infestação por H. armigera.

A infestação máxima foi registada na segunda e na última semana de setembro, quando a temperatura era de 32,6 e 30,11 graus centígrados. Os resultados mostraram que a infestação estava positivamente correlacionada com a temperatura (Khan et al., 2003).

A abundância de H. armigera foi monitorizada em Andhra Pradesh durante 1988-89 e 1982-1995 no Texas, utilizando armadilhas com feromonas e armadilhas luminosas, e as capturas de machos mostraram uma correlação positiva significativa com as temperaturas máxima e mínima (Venkataiah e Subbaratham, 1992; Parajulee et al., 2004).

A atividade dos adultos de H. armigera foi correlacionada com factores abióticos em HP em 1997-1999. As capturas máximas foram registadas na quinzena de abril e os dados de captura estavam positivamente correlacionados com a temperatura máxima em ambos os anos (Gupta e Desh Raj, 2002).

Durante a fase reprodutiva ativa do algodoeiro (novembro a janeiro), a temperatura máxima mostrou uma correlação negativa significativa com as capturas das armadilhas. A temperatura máxima óptima para a emergência foi de 26,7-31,4 graus Celsius (Gupta et al., 1996).

6.3.2 Velocidade do vento

A velocidade e a direção do vento desempenham um papel importante na deteção de traças numa determinada pluma (área sob a qual as traças voam, onde a concentração da feromona sexual é eficaz). O modelo foi desenvolvido para mostrar que as traças macho se agrupam à volta do isco. Este fenómeno foi provocado pelo voo em ziguezague dos machos na sua tentativa de seguir a bandeira quando a direção do vento muda. Muitos machos agrupavam-se à volta da armadilha quando a variação (SD) do ângulo do vento variava entre 22,5 e 67,5 graus (Yamanaka et al., 2003).

A velocidade do vento aumentou significativamente as capturas de Helicoverpa armigera quando as armadilhas se encontravam abaixo da cultura (Umapathy et al., 1988). Parajulee et al. (1998) registaram uma relação negativa mas linear entre as capturas das armadilhas e a velocidade do vento. Mortan et al. (1981) registaram uma diminuição exponencial das capturas a velocidades do vento superiores a 1,7 m/s. A velocidade do vento mostrou uma correlação negativa significativa com a atração de H. armigera (Rajaram et al., 1999).

A velocidade do vento desempenha um papel importante nas armadilhas com feromonas, uma vez que aumenta o número de traças capturadas (Naik et al., 1996). O desempenho das armadilhas com feromonas é fortemente influenciado pela velocidade do vento, uma vez que a dimensão da pluma de feromonas (a zona ativa da armadilha) depende da velocidade do vento. Quanto maior for a velocidade do vento, maior será a probabilidade de os insectos voarem para a pluma de feromona e serem atraídos para a armadilha. As baixas velocidades do vento (5-10 km/h) favorecem as capturas nas armadilhas (Dent e Pawar, 1988). As capturas do caruncho americano em armadilhas com feromonas apresentaram uma correlação negativa, mas não significativa, com a velocidade do vento (Dhawan e Simwat, 1996). No entanto, foi encontrada uma correlação negativa significativa entre a abundância de traças e a velocidade média semanal do vento (Parajulee et al. 2004).

6.3.3 Humidade relativa e precipitação

De manhã, a humidade relativa apresentou uma correlação positiva significativa com as capturas de Helicoverpa armigera nas armadilhas (Patil e Kulkarni, 1997; Gupta et al., 1996). Verificou-se que nenhuma traça foi capturada abaixo de 80,3 % de humidade relativa (Sinha et al., 1992; Afzal et al., 1985 e Patil et al., 1992). De acordo com Bhadauria (1998), não foram capturadas traças em Indore com humidade relativa inferior a 50 %. (Patil e Kulkarni, 1997) estudaram os efeitos da chuva nas capturas de armadilhas e encontraram uma correlação negativa, enquanto Verma e Sankhyan (1993) encontraram uma correlação positiva com a atividade dos adultos.

A humidade relativa variou entre 59,21 e 57,42 % e apenas 0,1 e 0,0 mm de precipitação foram registados em NIAB, Paquistão. Os resultados indicam que a humidade relativa influencia positivamente a infestação máxima de H. armigera em condições não pulverizadas e a precipitação negativamente (Khan et al., 2003).

A infestação mais baixa do bollworm americano foi registada na terceira semana de agosto e na segunda semana de outubro, quando a temperatura era de 28,23 e 28,31 °C, a humidade relativa era de 79,78 e 46,91 % e a precipitação era de 9,30 e 0,00 %, respetivamente (Khan et al., 2003). Resultados semelhantes foram obtidos por Chaudhari et al. 1999.

No caso da armadilha de feromonas, os dados da armadilha mostraram uma correlação positiva significativa com a humidade relativa e a precipitação durante 1997-1999 na HP (Gupta e Desh Raj, 2002).

A abundância de H. armigera foi monitorizada em Andhra Pradesh em 1988-89, utilizando armadilhas com feromonas e armadilhas luminosas, e as capturas de machos mostraram uma correlação negativa com a humidade relativa de manhã e à noite (Venkataiah e Subbaratham, 1992).

Um aumento da humidade relativa mínima reduziria a captura de H. armigera (Naik et al., 1996). As capturas de bollworms americanos em armadilhas com feromonas mostraram uma correlação positiva significativa com a humidade relativa da manhã e da tarde no campo de algodão Hirusutum em Ludhiana, mas nenhuma correlação significativa com a precipitação (Dhawan e Simwat, 1996).

Parajulee et al (2004) encontraram uma forte correlação positiva entre a precipitação média semanal e as capturas de traças de 1982 a 1995 no Texas.

6.3.4 Luar

As capturas diárias de Helicoverpa armigera em armadilhas mostraram que a fase da lua influenciava as capturas de traças da cápsula do algodão em armadilhas com feromonas, com uma correlação positiva entre as capturas e a percentagem de luar (Parajulee, 1998; Dent e Pawar, 1988). De acordo com Shekhar et al. (1995), as capturas de Helicoverpa armigera em Guntur, A.P., não foram influenciadas pelo luar e pela periodicidade lunar. As capturas foram registadas a intervalos de uma hora, das 19.00 às 6.00 horas, em cada noite do ciclo lunar, entre 1 e 30 de dezembro de 1981.

6.3.5 Luz do sol

Foi encontrada uma correlação positiva significativa entre as capturas de insectos e a duração da exposição solar (Subbarayudu e Singh, 1997). As capturas do bollworm americano em armadilhas com feromonas mostraram uma correlação negativa mas não significativa com a duração do sol (Dhawan e Simwat, 1996).

A infestação do American bollworm nas cápsulas quadradas e verdes foi mais elevada nas variedades N-98 e CIM-482 na segunda e última semana de setembro, quando as temperaturas eram de 32,06 e 30,11 °C, a humidade relativa estava entre 59,21 e 57,42 % e a precipitação era de apenas 0,10 e 0,0 mm.

7.1 O FUTURO DA TECNOLOGIA DAS FEROMONAS

A falta de informação sobre as kairomonas das plantas hospedeiras de insectos fitófagos é ainda mais surpreendente: apenas cerca de 400 espécies de plantas foram estudadas de forma exaustiva (cerca de 0,2%) e os espectros de odores de apenas 10 grandes culturas foram caracterizados. O custo da introdução de novos insecticidas, a resistência dos insectos, o registo e o novo registo dos insecticidas existentes são muito complexos, morosos e dispendiosos. Devido a estes problemas, já era tempo de utilizarmos menos insecticidas e a tecnologia das feromonas é a melhor alternativa. Muitas empresas começaram a vender feromonas sintéticas, uma vez que se trata de uma abordagem amiga do ambiente. No entanto, a questão é saber se a utilização de feromonas será alargada no futuro. Serão os métodos experimentados e testados utilizados em maior escala e serão desenvolvidos métodos contra outras espécies de insectos? A história do controlo dos insectos mostra claramente que a dependência total de um novo método de controlo conduz rapidamente a uma forma de resistência. Por conseguinte, é necessária uma estratégia IPM que utilize todas as medidas de controlo disponíveis, assegurando simultaneamente a manutenção do valor de cada medida. A utilização de produtos semioquímicos, incluindo feromonas, para modificar o comportamento dos insectos é ainda uma área científica em desenvolvimento. A consciência dos riscos ambientais e de segurança associados aos insecticidas, combinada com a tecnologia para medir a sua presença, levou a restrições crescentes à sua utilização. As feromonas e outras substâncias químicas que alteram o comportamento e que ocorrem naturalmente no ambiente oferecem alternativas não insecticidas que estão a ser procuradas comercialmente tanto por novas empresas como por gigantes estabelecidos da indústria dos insecticidas.

Um incentivo adicional à utilização de produtos semioquímicos para o controlo de insectos é o compromisso de muitos governos em países como os EUA, a Alemanha, etc. O sucesso da introdução de programas de GIP pode ser medido pelo impacto negativo na utilização de pesticidas e pela introdução de métodos de controlo alternativos. Foram iniciados vários programas de controlo de pragas em toda a área, centrados nas pragas mais importantes para as quais já existem tecnologias (feromonas, biocontrolo e plantas resistentes). Por conseguinte, é necessária uma colaboração estreita entre os cientistas que desenvolvem métodos de controlo e um grupo mais vasto de gestores de programas e o seu pessoal de campo. Os semioquímicos, e em particular as feromonas sexuais dos insectos, são uma componente útil de muitos programas de deteção, monitorização e controlo de culturas.

Um aspeto negativo dos métodos baseados em feromonas é que apenas o comportamento das traças macho pode ser manipulado. Este facto, e o esforço e custo consideráveis envolvidos no desenvolvimento de perturbadores do acasalamento, é a razão para o trabalho atual com atractivos (Charmillot e Hofer 1997; Suckling et al. 1999). Os iscos atractivos podem ser optimizados em experiências laboratoriais em túnel de vento - um isco mais atrativo revela um melhor efeito. A formulação de distribuidores de teste requer quantidades comparativamente pequenas de produtos químicos e pode ser efectuada em qualquer laboratório. Com os iscos atractivos, também é possível utilizar atractivos para as fêmeas que põem ovos. Recentemente, foi demonstrado que um composto volátil da pera atrai machos e fêmeas da traça-do-cacau (Light et al. 2001). Espera-se que os métodos semioquímicos dirigidos às fêmeas constituam um complemento importante da perturbação do acasalamento. Por último, mas não menos importante, deve ser dada mais ênfase à integração de diferentes métodos de controlo biológico. Os pesticidas microbianos e as plantas resistentes podem ser utilizados para aumentar o efeito dos produtos químicos que alteram o comportamento. Todos os métodos biológicos são específicos de cada espécie, em graus variáveis, e não abrangem todos os insectos associados a uma cultura. Além disso, os métodos biológicos de controlo de insectos têm um efeito mais subtil do que os insecticidas convencionais, que são letais por contacto. Por conseguinte, os métodos individuais de controlo biológico raramente podem substituir os tratamentos insecticidas e os agentes biológicos disponíveis devem ser desenvolvidos como componentes de um programa integrado de gestão das pragas e não como agentes autónomos.

Estas lacunas no nosso conhecimento da ecologia química são fundamentais para o estudo da ecologia, comportamento e evolução dos insectos, mas são também cruciais para a entomologia aplicada. Existe uma grande pressão social para passar da utilização generalizada de insecticidas para métodos específicos e inovadores de controlo de insectos que sejam seguros para a saúde humana e a qualidade ambiental. As estratégias de controlo de pragas que incluem a utilização de semioquímicos são essenciais para atingir este objetivo.

7.2 Outros domínios de investigação

Alguns pontos são para novas áreas de investigação:

• O prazo de validade dos dadores é um dos factores limitantes mais importantes na investigação de feromonas

Por conseguinte, podem ser estabilizados com estabilizadores, tais como absorventes de UV e antioxidantes.

• Os dispensadores de micropartículas/libertação lenta são também um dos métodos utilizados para prolongar a vida dos dispensadores de feromonas.

•	Os investigadores estão a começar a decifrar as hormonas que desencadeiam a produção de feromonas e as proteínas de ligação que levam as feromonas aos seus receptores.

•	Produção rentável de feromonas sintéticas e sua fácil disponibilidade.

•	Por último, mas não menos importante, esta tecnologia deve ser popularizada entre os agricultores, dando-lhes mais conhecimentos sobre ela.

•	A chave para um maior desenvolvimento é uma comunicação e cooperação mais estreitas entre as instituições de investigação académica, a indústria de proteção das culturas e os serviços de consultoria.

BIBILIOGRAFIA

AKM Z Rahman, MA Haque, SN Alam, K Begum, D Sarker 2016 Desenvolvimento de abordagens de gestão integrada de pragas contra Helicoverpa armigera (Hubner) no tomate. Jornal de Investigação Agrícola do Bangladesh, Vol 41.

Ahmad, M., M.I. Arif e M.R. Attique, (1997) Resistência de Helicoverpa armigera Hub. aos piretróides no Paquistão. Bull. Entomol. Res, 87: 343-7.

Ahmed, M.; Iqbal, M. e V, Z. 2003 Suscetibilidade de *Helicoverpa armigera* (Hubner) (Lepidoptera:Noctuidae) a novos agentes químicos no Paquistão. *Crop Protection*. 22:3,539-544.

Alvi, A.; Sayyed A.; Naeem, M. e Ali, M. 2012 Resistência desenvolvida no campo em H. armigera (Lepidoptera: Noctuidae) à toxina de Bacillus thuringiensis no Paquistão. Biblioteca Pública de Ciência one7, 1-9.

Armes, N.J.; Jadhav, B.G.S. and King, A.B.S. 1992 Insecticide resistance in *Helicoverpa armigera* in India. *Pesticide Science* 34: 355-364.

Armes, N.J.D.R. and Longergan, P.A. 1994 Insecticide resistance in *Helicoverpa armigera* - Status and prospects for its control in India. In: Challenging the future-Proceeding of the world cotton Research conference (ed. Constable, G.A. and Forrester, N.W.) CSIRO, Melbourne pp 522-533.

Balasubramanian.G.(a); Babu.P.C. Sundara, Manjula.T.R. 2002. eficácia de Bacillus thuringiensis var.galleriae contra Helicoverpa armigera em grão-de-bico.

Balakrishnan, N.Baskaran, R.K.M. e Mahadevan, N.R. 2003. capturas de armadilhas com feromonas de bollworms do algodão em ecossistemas alimentados pela chuva. Insect Environ. 9:2, 56-57. .. .. ,"_ _

Bethe, A. (1932) Hormonas negligenciadas. Natural Sciences **20**, 177-81.

Bhullar, N.; Varshney, K. e Kanaujia, S. 2004. Eficácia das armadilhas com feromonas e efeito da posição da armadilha na monitorização da Helicoverpa armigera no grão-de-bico. Pantnagar Journal of Research, Vol:2 (2) ,58.

Bhadauria,M.K.S. and Bhadauria, N.S. 1998. Seasonal Population fluctuation of gram pod borer Helicoverpa armigera. Advances in Pl. Sci.11:2, 283-285.

Bues, R.; Kousassi, A. S.; Toubon, J. F. (2004) Phytoma- la -Defence- Des- Vegetaux (França).568, 29-33.

Butenandt, A.; Beckmann, R.; Stamm, D. e Hecken, I. (1959) Uber den sexuellen Lockstaff des Seidenstachels Bombyx mori reidanstellung und konstitution Z.*Naturforch* 3.14: 283-289.

Cameron, P.J.; Walker, G.P. e Hermam, T.J..B. 1995. Desenvolvimento de resistência ao Fenvelrate em Helicoverpa armigera em New ZeaLand. J. Crop. Horticultural SCi. 23:4429-436.

Carde, R. T. e A. K. Minks. (1995) Control of moth pests by mating disruption. *Revisão Anual de. Entomology* 40: 559-585.

Carde, R. T. (1997) Insect Pheromone Research: New Directions. Nova Iorque: Chapman and Hall.
Cambridge University Press, 341 pp.

Choi, Man.Yeon,; Kyeung Sik Han,; Kyung Saeng Boo e Russell A. Jurenka (2001) Pheromone biosynthetic pathway in Helicoverpa zea and Helicoverpa assulta The ESA *Annual MeetingAn Entomological Odyssey of ESA.*

Devi, S.N.; Singh, O.H.; Devjani, P. e Singh, T. K. 2002. inimigos naturais de H. armigera em grão-de-bico. Ann. Pl. Protec. Sci 10 (2) 179-183.

Dent,D.*R. 1991. insect pest management. Wallingford: Cab International.*

Dhanorkar, B. K.; Puri, S. N. (1993) Monitoring of cotton bollworm using sex pheromone traps in Marathwada. *Journal of cotton Research and Development* .7:1,171-173.

Domotor, I.; Kiss, I.; Toth, I. e Scozs, G. (2002) Relação entre o padrão de voo sazonal do bicudo do algodoeiro *Helicoverpa armigera* (Hubner) monitorizado por armadilhas com feromonas e a ocorrência de larvas para a tomada de decisões no controlo. *Novenyvedelem.* 38:6, 273-278.

Dubey, P.K.; Kanujia, S.; Sand, N.K. e Kanaujia, K.R. (2001) Potencial de diferentes combinações de componentes da feromona sexual de *Helicoverpa armigera* (Hubner) para monitorizar a sua população e o efeito de factores ambientais na relação efectiva. Conf. *Nacional de Proteção das Plantas-Novos Horizontes no milénio* 23-25 de fevereiro de 2001.

Dunkelblum, E.; Gothilf, S. and Kehat, M. (1980) Identification of sex pheromone of cotton bullworm Heliothis armigera in Israel. *Phytoparasitica.* 8(3): 209-211.

Fan W.; Sheng, C.F. e Su, J.W. 2003. EAG e resposta comportamental de ambos os sexos do bicho-do-algodoeiro, H. armigera, à feromona sexual.

Gautheir, N.L.; Logan, P.A.; Twekspury, L.A.; Hollingsworth, C.F.; Weber, D.C. e Adams, R.G. 1991. bioensaio de campo de iscas de feromonas e modelos de armadilhas para monitorizar o verme adulto da espiga do milho em milho doce no sul de Nova Inglaterra. J. of Econ Entomology.84:6 18331836.

Jagdish, K.S.; Bharti, S.; Putarangaswamy, K.T. e Mathur, S.G. 2003. Monitorização da broca do grão e da lagarta do tabaco no girassol utilizando armadilhas com feromonas. Insect Environment.9:3, 100-101.

Izquierdo,J. Sampol, K. Sorribas, X. 1992. comparação das cápsulas da feromona sexual de Heliothis armigera.

Gadi V. P. Reddy , Shaohui Wu , Robert C. Mendi, Ross H. Miller (2014) Eficácia da armadilha de feromonas do gorgulho da batata-doce (Coleoptera: Brentidae): com base na dose, idade do septo, raio de atração e armadilha em massa. *DOI:*

G.S. Dhaliwall, Vikas Jindal e A.K. Dhawan (2010) 37 Insect Pest Problems and Crop losses: Tendências em mudança. Indian J. Ecol. (1): 1-7.

Guo . 1997. Progresso no estudo das regularidades de migração de Helicoverpa armigera e das relações entre a praga e as suas plantas hospedeiras. Ata Entomologica Sinica 40: 1-6.

Gupta, R.K. e Deshraj.2002. Monitoring of Helicoverpa armigera by light and pheromone traps and relationship of trapping data with biotic factors and larval infestation in Chieckpea in Himachal Pradesh. Pest Management and Economic Zoology. 10:2, 103-110.

Hazara, A. H.; Khan, J.; Shakeel, M. e Bajoi, A. H. 2000 Dinâmica populacional e controlo de Helicoverpa armigera em diferentes culturas no Balochistão j. of agric. Sci. 1(1), 52-62.

Hanumantha Rao; Rao, N. H. P.; Nagesh, M. e Raghunandna, R. C 2000. incidência da resistência aos insecticidas em *H. armigera* (Hubner). *Pestology,* XXIV(7), 21-23.

Hughes, W.; Howse, P. Vitela, E.; Knapp, J. e Goulson.2002. Avaliação de campo do potencial de compostos de feromonas de alarme para melhorar os iscos de controlo de formigas cortadeiras. J. Econ.Ento. 95:3, 537-543.

Igrassheva, G. A. e Razakov, R. R. 1990. Estudo espetrométrico de massa da feromona do bollworm e do seu precursor. *Química dos compostos naturais*.26:2, 208-212

J Kim, M Kwon, R Maharjan 2017. monitorização de quatro grandes pragas de lepidópteros no campo e gestão da Helicoverpa armigera, 26 de abril (pp. 54-54). db.koreascholar.com.

Jia, Du e Wei 2000: Perspectivas actuais e futuras dos produtos químicos que alteram o comportamento dos insectos na China. Agricultural Chemistry and Biotechnology. 43:4, 222-229.

Juneja, R. P.; Parmar, G. M.; Ghelani, Y. H.; Mungra, K. D.; Patel, P. R.; Chaudhari, N. N. 2015 Monitorização de *Helicoverpa armigera* (Hubner) por Sex

Feromonas na cultura do milheto. International Journal of Plant Protection Vol. 8 No. 2pp.245-249.

Kakizaki, M. e Sugie, H. 2003. Feromonas sexuais de H. armigera, manteiga. Applied Entomol, 38:1, 73-78.

Kapoor, S.K.; Sohi, A.S.; Singh, J.; Russel, D.; Katra, R.L. (2000) Resistência a insecticidas em
Helicoverpa armigera em Punjab, Índia. *Pesticide Research* Journal 12(1): 30-35.

Karlson, P. e Lucher, M. (1959) *Nature*, 183-85.

Kehat, M. e Dunkelblum (1993) Sex pheromones in the surveillance and mating disruption of cotton pests in Israel. *Archives -of- insect biochemistry and physiology* 22: 3-4, 425-431.

Kehat, M. and Dunkelblum, E. (1990) Behavioural response of male *Heliothis armigera* (Lep : Noc) moths in a flight tunnel to combinations of components identified from female sex pheromone glands. *Journal* of Insect Behaviour 3(1): 75-88.

Kesara, J.R.; Porntip, T. e Kanokporn, O. 1989. Identificação de componentes de seis feromonas do bollworm americal na Tailândia. Thailand research Journal. 7:1-3, 65-68.

Khodzhaev, Sh, T.; Ucharov, A.B. e Kuryazov,S.H. 2002. controlo do bollworm com feromonas. Zashchita I karantin Rastenii.3, 45-46.

King, E.G. e Coleman, R.J. 1989. Potencial de controlo biológico de espécies de Heiothis. Ann. Rev. of Entomol. 34: 53-75.

Knight, A. 2002. Uma comparação entre o isómero de butilo cinzento e os septos de borracha vermelha para monitorizar a traça do bacalhau em pomares tratados com feromonas sexuais. J. Entomol. Soc. British Columbia. 99, 123132.

Kranthi, K.R.; Russel, O.; Wanjeeri, R.; Kherde, M.; Munje, S.; Lavhe, M. (2002) In season changes in resistance to insecticides in *Helicoverpa armigera* (Lepidoptera : Nocluidae) in India. *Journal of Economic Entomology* 95(1): 134-142.

Kulkarni, N.S. e Patil, B.V. 1996. Eficácia de diferentes tipos de armadilhas de feromonas sexuais e iscos de helicoverpa armigera de diferentes origens. Karnataka J. agric Sci. 9:4, 606-609.

Kumar, A. R. V. e Shivakumara, B. (2003) Variable response of the male moth *Helicoverpa armigera* to sex pheromone mixtures: Um caso de polimorfismo comportamental? *Current Science,* 84(5): 705-709.

Kumar, J. 2000. Desempenho comparativo de diferentes armadilhas para monitorizar a população de Plutella xylostella e H. armigera em Kullu Valley, HP. Pest Management and Economic Zoology, 8:2 , 181-184.

Lateef, S. S. e Reed, W. (1983) Review Of Crop Losses Caused By Insect Pests In Pigeonpea Internationally And In India. In: All India Seminar on Crop Losses due to Insect Pests, 7-9 de janeiro, APAU, Hyderabad.

Liu Y, Liu C, Lin K, Wang G. (2013) Especificidade funcional dos receptores de feromonas sexuais no bicho do algodão Helicoverpa armigera. *PLoS One.* 15; 8(4)

Longanthan, M.; Sasikumar, M.; Uthamasamy, S.(1998) Avaliação da duração da aplicação de feromonas para monitorizar *Helicoverpa armigera*(Hubner) no algodão. Journal of entomological research.23:1, 61-64.

Lopez, J. D.; Leonhardt, B.A. e Shaver, T.N. 1991. Critérios de desempenho e especificações para um distribuidor de feromonas sexuais em plástico laminado para H.Zea. J. Chem Eco. 17:11, 2293-2305.

M.Pazhanisamy e S.D.Deshmukh 2011 Influência dos parâmetros meteorológicos nas capturas de bollworms em armadilhas com feromonas. Investigação recente em ciência e tecnologia, 3(4), 136-139.

Mailk, M.F.; Daud, ur R. e Ali, L. 2003a. Tecnologia de feromonas para o controlo de Heliothis armigera no grão-de-bico. Asian j. of pt. Sci. Pakistan. 2:5, 409-411

Mailk, M.F.; Husain, S.W. e Daud, ur R. 2003b. Eficácia da feromona sintética para o controlo de Heliothis armigera no tomateiro. Asian j. of pt. Sci. Pakistan. 2:5, 415-417.

Manjunath,T.M., Bhatnagar V.S.Pawar, C.S. Sithanantham S (1989) Economic importance of Heliothis spp. in India and an assessment of their natural enemies and host plants, pp. 197-228.InProceedings of the Workshop on Biological Control of Heliothis: increasing the effectiveness of natural enemies, New Delhi, India

Mansoor Ali Shah, Nasreen Memon e Ahmed Ali Baloch (2011) Utilização de feromonas sexuais e armadilhas luminosas para monitorizar a população de traças adultas do bicudo do algodoeiro em Hyderabad, Sindh e Paquistão. Sarhad Journal of. Agricultura *Vol.27, No.3.*

Millar, J. G., (2000) Polythene hydrocarbons and epoxides: a second major class of lepidopteran sex attractant pheromones. Revisão Anual de Entomologia 45: 575-604.

Mitchell, E. R. e Mayer, M. S. (2000) Interpreting the relationship between pheromone component emission from commercial lures and captures of Heliothis zea (Boddie). Journal of environmental science and health, parte B Pesticides food contaminants and agricultural wastes. 35: 2, 229-243

Nandihalli, B.S.; Parameshwna, H.; e Patel B.V. 1991. Eficiência de três tipos de armadilhas com feromonas na captura de helicoverpa armigera hubner. Madras Agric.J. 78 (1-4): 9192.

Nandgopal, V. Pradip, F. Gedia, M.V.; Rajiv, R. e Fulmali, P. 2003. Desenvolvimento de uma armadilha de feromonas eficiente para capturar Helicoverpa armigera num ecossistema de ervilhas. Int.Pest.Control. 45:1, 32-36.

Oldenberg, C.; Opreau, I.; Kilima, B. e Hummel, H.E. (1999) Degradação de feromonas sintéticas por factores ambientais. Um estudo combinado de laboratório e de campo. *Med Fae. Landbouev. Univ. Gent.* 64/3a, 89.

Ogawa, K. 2000. Controlo de pragas através da perturbação do acasalamento por feromonas e o papel dos inimigos naturais. American j.of Pesticide Science.25:4 456-461.

Pal S., Chatterjee H., Senapati S.K. 2014 Monitorização de *Helicoverpa armigera* utilizando armadilhas de feromonas e relação da atividade da traça com a larva no cravo (*Dianthuscaryophyllus*) em darjeeling hills. Jornal de Pesquisa Entomológica Volume: 38, Edição: 1.

Pawar, C.S.; Bhatnagar, V.S. and Jadhav, D. R., Srivastava, C.P. and Reed, W. 1988. The development of sex pheromone trapping of H.armigera at ICRISAT, India, Pestology, XXII, 51.

P. Duraimurugan e A. Regupathy (2005) Synthetic Pyrethroid Resistance in Field Strains of *Helicoverpa armigera* (Hubner)(Lepidoptera: Noctuidae) in Tamil Nadu, South India. *American Journal of Applied Sciences* 2 (7): 1146-1149.

Perry, A.S.; Yamamoto, I.; Ishoaya, I. e Perry, R. (1998) Insecticides in Agriculture and the Environment: Retrospects and Prospects. Narora Publishers New Delhi, p. 157.

Patil, B.V.; Nandihalli, B.S.; Hugar, P. e Somasekhar (1992) Influence of weather parameters on pheromone trap catches of cotton bollworm. Karnataka *Journal of Agricultural Science.* 5(4): 346-350.

Patil, B.V.e Mamdapur, B.B.1996. desempenho de algumas feromonas sexuais e iscos de Helicoverpa armiegra .Ind J. of Pl. Protection 24: 1-2, 128-129.

Peter Witzgall, Philipp Kirsch, Alan Cork 2010, Sex Pheromones and Their Impact on Pest Management, Journal of Chemical Ecology, Volume 36, Número 1, pp. 80-100.

Phokela A, Dhingra S, Sinha SN, Mehrotra KN. (1990) Pyrethroid resistance in Heliothis armigera Hubner: evolution of resistance in the field. Pestic Res J 2, 28-30

Piccardi, P.; Capizzi, A.; Cassani, G.; Spinelli, P.; Arsurra, E. e Massando, P. (1977) A sex pheromone component of the old bollworm. Heliothis armigera. *Journal of Insect Physiology23* : 11-12,1443-1445.

Prabhakara Rao K, Sudhakar K, Radhakrishnaiah K. (2001). Incidência sazonal e preferência de hospedeiro de H. armigera (Hubner). Indian J. Plant Protection; 29:152-153.

Rafaeli, A.; Soroker, V. Hiresh, J. Kemenslay, B. e Raina, A.K.1993. Influência do fotoperíodo e da idade na competência das glândulas de feromona e na distribuição de PBAN imunorreativo em Helicoverpa spp.Arch. Physol.22 (1/2) 169-180.

Rai, H.S.; Gupta, M.P. e Verma, M.L. 2000. Eficácia comparativa de armadilhas para a captura de H.armigera. Ann. of Pt. Protection Sci, 9:2, 56-57.

Rao, K.T.; Rao, N.V.; Abbaiha, K. e Satanarayana, A. 1990. Perdas de rendimento devidas a pragas e doenças da grama preta em Andhra Pradesh, Indian J. pl. Prot. 18 (2): 287-289.

Rajaram, V.; Janurthana, R.; Ramamurthy, R. 1999. Influência dos parâmetros meteorológicos e do luar na atração de armadilhas luminosas e de feromonas por pragas do algodão em sistema de cultivo. Annals of agril. Res 20:3, 282-285.

Rabindra, R.S. e Jayraj, S. 1990. monitoring of chieckpea borer, H. armigera and spodoptera litura larvae. J. Biol. Control 4(1): 31-34.

Ramawatar, B., Srivastava, C. P., & Ram, K. (2016). Monitorização da broca da vagem do grão-de-bico, Helicoverpa armigera (Hubner), através de armadilhas com feromonas no grão-de-bico, Cicer arietinum L., e influência de alguns factores abióticos na população. *Jornal de Zoologia Experimental, Índia, 19*(2), 751-755

Reddy, G.V.P. e M. Manjunatha. 2000. Estudos laboratoriais e de campo sobre a gestão integrada de pragas de Helicoverpa armigera no algodão com base no limiar de captura das armadilhas de feromonas. J. Appl. Entomol. 124: 213-221.

Ridgway, R. L.; Inscoe, M. e Arn, H. (1992) Insect Pheromones and Other Behaviour Modifying Chemicals. Proc. Brighton *Crop Protection Conference - Pests and Diseases, 1990,* BCPC Monograph 51.

Rosaiah, B. e Reddy, A.S. (1995) Studies on sex pheromone trapping of *Helicoverpa armigera* on cotton *Proc. Natl Workshop, Pheromones in IPM.* K. Krishnaiah, B.J. Divakar (eds) 45-48.

Romeis, T.G. Shanoweral e C.P.W. Zebitza (1999) Porque é que Trichogramma (Hymenoptera:

Trichogrammatidae) parasitóides de ovos de *Helicoverpa armigera* (Lepidoptera: Noctuidae) falham no grão-de-bico. *Boletim de Investigação Entomológica* 89 : 89-95

Sachan, J.N. e G. Katti. (1994) Integrated Pest Management. Procedimentos do Simpósio Internacional sobre Investigação de Leguminosas, 2-6 de abril de 1994, IARI, Nova Deli, Índia. pp. 23-30. 23-30.

Sadaany, E.L., A.M. Hossain, R.S.M. El-Fateh, e M.A. Romeilah, 1999. O efeito simultâneo de factores ambientais físicos na atividade populacional das traças do bicho do algodão. *Egyptian Journal of. Agricultural Research*, 77: 591-609.

Schneider, D. 1992: 100 years of pheromone research. *Ciências Naturais* 79: 241-250.

Sah, L.N.; Sahu, R. e Neupana, F. P. (1988) monitoring the chickpea pod borer, *Heliothis armigera* by a pheromone trap. J. Institute. *Agricultural Animal* Science Nepal. 9, 107-109.

Shahzad, M. K. e Shah, Z.A. 2003. Seleção do melhor inseticida para reduzir os danos causados pela broca da vagem do grão-de-bico. Jornal de Ciências Biológicas do Paquistão (Paquistão). Vol6 (13), 1156-1157.

Shah, K.D. e Gole, C.A. e Zala, M.B. e Bharpoda, T.M. (2015) Normalização do número de armadilhas de feromonas para a gestão de *Helicoverpa armigera (Hubner) Hardwick em ervilha-de-angola*. Trends in Biosciences, 8 (1). pp. 224-226.

Sharma H.C. (2001). Lagarta do algodão/broca da vagem do legume, Helicoverpa armigera(Hubner) (Noctuidae: Lepidop-tera): Biologia e gestão. Compêndio de proteção das culturas. Instituto Internacional de Investigação das Culturas para os Trópicos Semi-Áridos.

Shang, C.F.; Wang, H.T.; Su, J.W., Fan, W.M., Xuan, W.J. 2001. Comparação da eficácia da armadilha de bollworms machos com armadilhas de cone e de água iscadas com feromonas sexuais. Pt Protec. 27:6, 7-9.

Shrivastava, C.P.; Pimbert, M.P. and Reed, W. 1992. monitoring Helicoverpa armigera moths with light and pheromone traps in India. Insect Science and its Applications, 13:2, 205-210.

Singh, C.; Pandey, K.P.; S.B. (2000) Use of Pheromones-An effective and environmentally safer technique in IPM. *Pestology.* Vol XXXIV(4): 35-38.

Sower, L.L., Kaae, R.S., e Shorey, H.H. (1973). Feromonas sexuais de Lepidoptera. XLI. Factores que limitam as distâncias potenciais da comunicação da feromona sexual em *Trichoplusiani.Ann.Entomol. Soc. Am.* 66:1121-1122.

*Szocs, G.***; Toth, M.; Ujvary, J. e Szrukar, I. 1995**. Desenvolvimento de uma armadilha de feromonas para monitorizar o bollworm, uma praga emergente na Hungria. Novenyvedelem, 31:6, 261266.

Tabashnik, B., Thierry, B. e Carriere, Y. (2013). Resistência dos insectos às culturas Bt: Lessons from the first billion hectares. Nature Biotechnology 31: 510-521 DOI:10.1038/nbt.2597.

Tikar, S.M.; Rao, N.G.U.; Arya, D.R. e Moharil, M.P. (2001) Monitorização e mecanismo de resistência aos piretróides em *Helicoverpa armigera* na Índia central. *Crop Res. Hissar.* 22(3) : 474-478.

Tores, L. M.; Rodriquez, M.; Lacos, P. e Lino, P. D. (2002) Resistência de *H. armigera* aos insecticidas endosulfan, carbamatos e organofosforados: o caso espanhol. *Proteção das culturas.* 21:10, 1003-1013.

Trimble, R.M.; Tyndall, C.A. e Garvey, Mc.B.D. 1999. Avaliação da rolha de borracha natural como substrato de libertação controlada para utilização em estudos de perturbação do acasalamento mediada por feromonas sexuais do bollworm leaf minor. Canadian Entomol.131:1, 137-149.

Varshney, K. e Kanaujia, S. (2006) Estudos sobre o prazo de validade da feromona de Helicoverpa armigera (Hubner) (Lepidoptera: Noctuidae) em diferentes condições de temperatura e em diferentes intervalos de tempo. Anais das ciências da proteção das plantas. Vol 14.21-22.

Varshney Kalpna e Sudha Kanaujia 2005. Monitorização da população de Helicoverpa armigera (Hubner) através de armadilhas com feromonas (Lepidoptera: Noctuidae) em grão-de-bico no Uttaranchal. Pantnagar Journal of Research, Vol:3 (1),29.

Kalpna Varshney, 2012 "Estudo da flutuação sazonal da população da broca da vagem da grama Helicoverpa armigera (Hubner) no grão-de-bico utilizando a tecnologia de feromonas" International Journal of Agriculture and Food Science Technology.ISSN 2249-3050 Volume 3, Número 2 , pp.115-121.

Bhullar, N.; Varshney, K. e Kanaujia, S. 2005. Efeito da substituição de septos na eficiência de armadilhas com feromonas Helicoverpa armigera (Hubner) em grão-de-bico. ann. Pl. Protect. Vol 13, Número 2, 482-483.

Verma, A. K. e Sankhyans. (1993) *Monitorização* da feromona de *Helicoverpa armigera* (Hubner) e relação entre a atividade da traça e a infestação larvar nas principais culturas nas colinas médias de Himachal Padesh. 1:1.

Vila, L. M. T.; Riguez, M. C. Molina; Plaseneia,A. L.; Lino, P. B. e Reneon, A. R. D. (2002) Resistência aos piretróides em Helicoverpa *armigera* (Hubner) em Espanha: Estado atual e perspetiva agroecológica. Agric. Ecosystem. *Env.*93: 1-3, 55-56.

Weatherston, I. (1990). Principles of design of controlled-release formulations, em RL Ridgway, RM Silverstein, MN Inscoe (eds.) Behaviour-Modifying Chemicals for Insect Management, Applications of Pheromones and Other Attractants. Marcel Dekker, Nova Iorque. S. 93-112.

Wei, G.S.; Zhang, K.N. e Cheo, M.T. 2001. Avaliação do controlo dos campos de bollworm do algodão. Ata Phytophylacaica-sinica, 28:2, 157-162.

Wongtong, S.; Kongkatip, B. Kongkatip, N. e Pomprane, P. 1992. armadilhas de feromonas sexuais para a medição de

Wu, De Ming, Yan, Y.H.; Gei, J.R.; Wu, D.M. e Chu, J.R. (2002). Componentes da feromona sexual *de Helicoverpa armigera,* análise química e experiências de campo. *Entomologica Sinica.* 4 : 4, 350-356.

Wu, K.; Liang, G. e Guo, Y. (1997). Resistência ao Phoxim em *Helicoverpa armigera (*Hubner) (Lepidoptera:Noctuidae) na China. *Journal of Economic Entomology...* 90: 4, 868872.

Wu Kongming, Yuyuan Guob, Nan Lvc, John T. Greenplated e Randy Deaton 2002. Monitorização da resistência de Helicoverpa armigera (Lepidoptera: Noctuidae) à proteína inseticida Bacillus thuringiensis na China. J. Econ. Entomol 95(4) 826-831.

Yadav, J. S. 1999. Feromonas de boas práticas agrícolas como instrumento de IPM. Pestologia. XXIII:116-119.

Yaresheva, I.A.2003. Monitorização de feromonas de pragas de quarentena. Zashehita-i-karantin- rastenii. 11.24-27.

Yaqoob Munazah, Arora R.K., Gupta R.K.(2007). Desenvolvimento de resistência em *Helicoverpa Armigera* (hubner) à cipermetrina em Jammu e efeito sobre a sua biologia Volume : 6, Edição : 1.

Wee Tek Tay , Miguel F. Soria , Thomas Walsh, Danielle Thomazoni, Pierre Silvie, Gajanan T.ehere, Craig Anderson, Sharon Downes 2013 . Um admirável mundo novo para uma praga do velho mundo:
Helicoverpa armigera (Lepidoptera: Noctuidae) no Brasil PLoS.

Wu, C.H. 1993. reacções das sensilas na antena de Heliothis armigera e seus componentes e análogos da feromona sexual. Ata Entomologica- sinica. 36 (4), 385-389.

Yadav, C.P. e Lal, S. S. 1998. Principais pragas de insectos do grão-de-bico e sua gestão. In: IPM System in agriculture. Vol.IV Pulses.Aditya Books Pvt.Ltd.New Delhi. 197-231.

Yen, F.C.; Chang, S.H. e Huang, T.F. 1989. aplicação de feromonas sexuais de H. armigera do bicho do tomateiro no campo. Boletim de Investigação - Importância Agrícola do Distrito de Taínan.

Yutao Xiao , Kaiyu Liu , Dandan Zhang, Lingling Gong, Fei He, Mario Soberon, Alejandra Bravo, Bruce E. Tabashnik, Kongming Wu (2016) A resistência a Bacillus thuringiensis mediada por uma mutação do transportador ABC aumenta a suscetibilidade a toxinas de outras bactérias num inseto invasor, PLOS

Zalucki M.P.; Daglish G; Firempong S; Twine P.H. (1986). The biology and ecology of Heliothis armigera (Hubner) and H. punctigera Wallengren (Lepidoptera: Noctuidae) in Australia: what do we know? Australian Journal of Zoology 34:779-814.

K. C. Ravi, K. S. Mohan, T. M. Manjunath, G. Head, B. V. Patil, D. P. Angeline Greba, K.

Premalatha, J. Peter, N.G.V. Rao; (2005) Abundância relativa deHelicoverpa *armigera* (Lepidoptera: Noctuidae) em diferentes culturas hospedeiras na Índia e o papel dessas culturas como refúgio natural para *Bacillus thuringiensis* Cotton. *Environ Entomol*; 34 (1): 59-69. doi: 10.1603/0046-225X-34.1.59.

J. H. Tumlinson,D. E. Hendricks,E. R. Mitchell,R. E. Doolittle,M. M. Brennan,J. Chem. EcoL, 1975, Vol. 1, No. 2, pp. 203-214 Isolamento, identificação e síntese da feromona sexual da lagarta do tabaco

https://www.cabi.org/isc/datasheet/26757

http://dx.doi.org/10.1603/EN13329 767-773.

https://helicoverpaarmigera.weebly.com/economical-cost--control.html

Índice

Printed by Books on Demand GmbH, Norderstedt / Germany